ドイツに学ぶ科学技術政策

永野 博［著］

近代科学社

刊行によせて

日本とドイツは内政、外交の両面において多くの類似する課題に直面しながらも、時に相異なる答えを導き出してきました。両国はそれぞれの置かれた地理的、経済的、技術的諸条件のもと、自国と世界の未来を可能な限り最善なものとすべく努力しています。

主要課題には少子高齢化、エネルギー供給の持続可能化、モビリティの新たな道筋が挙げられます。日独両国はその長年の経験から、パートナーとして科学研究協力を行うことが社会や経済に関する目標をより早く、より効率的に達成し、未来への力を得る一助になりうると理解しています。科学協力は日独協力の支柱のひとつであり、日独国交樹立前から実に150年を上回る歴史を有します。

他分野と比べ、科学研究の分野では共通点を明らかにし、パートナーとして二国間協力を実施することが容易かもしれません。重要なのは相互に耳を傾け、交流の一層の緊密化をはかることです。なぜなら科学は未来、すなわち次世代の未来に関わるからです。

本書は日本の視点からドイツの科学・イノベーションシステムを分析することで、一層の相互理解に寄与するものです。理解は信頼をもたらし、信頼は協力の基礎となります。私たちは本書が、日独の持続可能かつ平和的な発展にとり重要な鍵となる、科学研究協力の強化に貢献するものと確信しています。

東京・ベルリン、
2015年10月

在ドイツ連邦共和国日本大使
中根　猛

駐日ドイツ連邦共和国大使
ハンス・カール・フォン・ヴェアテルン

VORWORT

Deutschland und Japan sehen sich vor vielen ähnlichen Herausforderungen in der Innen- und auch in der Außenpolitik. Die Antworten auf diese Herausforderungen sind teilweise ganz unterschiedlich ausgefallen. Beide Länder versuchen, unter den gegebenen Bedingungen geographischer, wirtschaftlicher oder technologischer Natur die bestmögliche Zukunft für ihr Land und für die Welt zu schaffen.

Der demografische Wandel, das Streben nach nachhaltigen Lösungen in der Energieversorgung oder neue Wege der Mobilität sind Gegenstand der Politik beider Länder. Beide haben seit langer Zeit die Erfahrung gemacht, dass partnerschaftliche Kooperation in Wissenschaft und Forschung helfen kann, gesellschaftliche und wirtschaftliche Ziele schneller und effektiver zu erreichen und die Zukunftsfähigkeit sicherzustellen. Die Wissenschaftszusammenarbeit ist einer der tragenden Pfeiler der deutsch-japanischen Zusammenarbeit, übrigens schon länger, als wir diplomatische Beziehungen haben, und die gibt es immerhin seit über 150 Jahren.

Es mag sein, dass es im Bereich Forschung und Wissenschaft leichter ist als in manch anderen Disziplinen, Gemeinsamkeiten herauszustellen und zwischenstaatlich partnerschaftlich zusammenzuarbeiten. Wichtig ist, dass wir aufeinander hören und einen immer engeren Austausch pflegen. Gerade im Bereich der Wissenschaft geht es um die Zukunft. Es ist die Zukunft unserer Kinder.

Dieses Buch analysiert das deutsche Wissenschafts- und Innovationssystem aus einer japanischen Sicht und trägt damit zu noch mehr gegenseitigem Verständnis bei. Verständnis schafft Vertrauen, Vertrauen ist die Voraussetzung für Kooperation. Wir sind sicher, dass dieses Buch einen Beitrag zur Stärkung der deutsch-japanischen Kooperation in Wissenschaft und Forschung leisten wird, einem wichtigen Schlüssel zur nachhaltigen und friedlichen Entwicklung unserer beiden Länder.

Tokyo und Berlin,

im Oktober 2015

Takeshi Nakane
Der Botschafter von Japan

Dr. Hans Carl von Werthern
Der Botschafter der Bundesrepublik Deutschland

刊行によせて

ドイツの研究事情の調査に長年、携わっている永野教授がこのたび、「はたしてドイツの科学政策は学べるものなのか？」という幅広い問題提起をしている。

当然のことながら、そのまま学ぶということは全体をとらえた答えにはならない。現在のような開かれた世界では、大きな産業国家の多様な研究文化を常に相互に学びつづけることが私たちにとって決定的に大事なことである。

永野教授はドイツの科学技術政策を紹介することで、「安倍首相が日本の科学と経済に新たな目標を掲げつつあるときに、日本はドイツの科学技術政策を必要とするのか？」という重要な問いを発していることになる。

日本にとって緊急、かつ、困難を伴う問題は、大学や公的研究機関と産業界との協力を鼓舞し、技術に立脚する中小企業がイノベーティブな製品、製造方法やサービスの開発につながる研究成果、あるいは新たな市場の獲得につながる研究成果を早期に活用できるようにすることである。

同時に、大学からの起業、あるいはエネルギーの転換やインダストリー4.0を含めた社会のデジタル化のような挑戦も、ドイツと日本におけるイノベーションのダイナミズムを活気づけよう。

私は本書が、近年、新たな知識をもとに未来を考えようとしている科学者、企業家、政治家の間での活発な議論を呼びおこすことを願っている。

ハインツ・リーゼンフーバー
ドイツ連邦議会議員
元連邦研究技術大臣

VORWORT

Professor Nagano stellt aus seiner langfristigen Kenntnis der deutschen Forschungslandschaft die umfassende Frage: Ist die deutsche Wissenschaftspolitik nachzumachen?

„Nachmachen“ ist sicher nicht die umfassende Antwort. In einer offenen Welt ist es entscheidend, dass wir in den verschiedenen Forschungskulturen der großen Industrienationen ständig voneinander lernen.

Indem Professor Nagano die deutsche Wissenschafts- und Technologiepolitik darstellt, gibt er wichtige Anregungen, die kritisch darauf zu prüfen sind: Kann Japan sie brauchen in einer Zeit, in der Ministerpräsident Abe neue Ziele für die japanische Wissenschaft und Wirtschaft setzt?

Dabei ist es eine besonders vordringliche und anspruchsvolle Aufgabe, die Zusammenarbeit von Universitäten und Forschungseinrichtungen mit der Wirtschaft zu ermutigen, damit vor allem mittelständische Technologieunternehmen frühzeitig Zugang zu neuen Forschungsergebnissen bekommen, die nützlich sein können zur Entwicklung innovativer Produkte, Verfahren und Dienstleistungen und zur Eroberung neuer Märkte.

Aber auch die Gründung von Unternehmen aus den Universitäten oder Herausforderungen wie die Energiewende und die Digitalisierung inklusive Industrie 4.0 können die Innovationsdynamik erheblich ankurbeln, in Deutschland wie auch in Japan.

Ich wünsche dem Buch, dass es anregende Diskussionen auslöst, insbesondere unter all denen, die in diesen Jahren Zukunft aus neuem Wissen begründen – den Wissenschaftlern, den Unternehmern und den Politikern.

Prof. Dr. Heinz Riesenhuber MdB
Mitglied des Deutschen Bundestags
Bundesminister für Forschung und Technologie a.D.

刊行によせて

科学と研究において、学問分野、専門、組織だけでなく、国境を越えての交流と対話は本質的に重要なことであります。当然のことながら、そこでは科学的な議論が中心となりますが、対話が国際的なものになるにつれ、私たちの科学システムの構造について議論することも多くなります。科学的なテーマについて議論するだけでなく、科学に関わる組織、形態、運営についての相互学習やアイディアの交換をすることが、より高い生産性につながることが以前から明らかになっています。本書では、ドイツの科学システム、その発展、研究の助成プログラム、助成機関を日本の視点から考察しています。本書が日本の読者の興味や好奇心を呼びおこし、海外のパートナーとの交流と相互理解を深めるきっかけとなることを心より願っています。

ライプニッツ協会会長
マティアス・クライナー

Geleitwort

Austausch und Dialog sind substantiell in Wissenschaft und Forschung – über nationale Grenzen hinweg ebenso wie zwischen Disziplinen, Fächern und Institutionen. Dabei steht natürlich der inhaltlich-wissenschaftliche Diskurs im Fokus. Zunehmend kommen wir aber international miteinander auch über unsere Strukturen ins Gespräch. Es hat sich längst als produktiv erwiesen, wenn nicht nur wissenschaftliche Themen selbst Gegenstand des Austausches sind, sondern auch ihre Organisation, ihre Formen und ihre Verwaltung – um voneinander zu lernen und einander auf Ideen zu bringen. Die vorliegende Publikation wirft von Japan aus einen Blick nach Deutschland und sein Wissenschaftssystem, auf seine Entwicklung, seine Förderprogramme und Förderer. Daher wünsche ich den Leserinnen und Lesern in Japan eine interessante Lektüre und neue Einsichten, die die Neugier wecken und dazu anregen, den Blick und vor allem das Gespräch mit internationalen Partnern zu vertiefen.

Matthias Kleiner

Professor Dr.-Ing. Matthias Kleiner
Präsident der Leibniz-Gemeinschaft

刊行によせて

日本とドイツは長年にわたり緊密な関係を維持してきた。17 世紀にはオランダ東インド会社の一行として初めてドイツ人が来日して西洋の医薬を紹介し、大きな関心をひきおこした。19 世紀の後半になると、特に医学分野ではドイツは日本の研究者が最も足を運ぶ訪問先となり、重要な模範となった。ドイツ人の教授が日本の大学で医学を教え、医学ではドイツ語が最も重要な外国語となった―今日でも日本では診察記録は「カルテ」と呼ばれている。自然科学の分野でも、日本の研究者にとってドイツは一つの重要な手本となった。

日本とドイツの間の科学と研究における歴史に育まれた関係は、いまでは日独の協力関係の重要な一分野を構成しており、日独修好 150 周年にあたる 2011 年には記念行事がおこなわれた。

科学と研究におけるこのような共通の伝統が私たちの現在の関係につながり、私たちはこれをさらに充実したものにする義務をおっている。このためドイツ研究振興協会（DFG）は 2009 年、日本代表部を設け、日独研究交流を推進、強化することに努めている。爾来、DFG は日本側協力機関とともに数多くの研究協力プロジェクトを進めている。その活動にあたり DFG は永野博教授の助力をあおぐこともあり、感謝している。

ドイツを知る永野博教授は 1980 年代に在ドイツ連邦共和国日本大使館の書記官としての勤務以来、DFG と継続的な交流をしている。永野教授は日本の科学界の多くの人々とネットワークを持ち、ドイツの科学システムと研究事情、欧州と世界におけるドイツ科学の役割についての理解を深めることに多様な方法で貢献してきた。何年にもわたり DFG の日本での活動への助力もいただき、ドイツ研究振興協会の緊密な、特別な友人といっても過言ではない。

このたびの著作により永野教授は基盤的見識に裏打ちされた知識を多くの日本の読者に紹介しようとしている。これは日独間の協力の本質的な強化、さらには DFG と日本の関係の深化に大きな貢献をすることになる。これまで、ドイツの複雑な科学システムを詳しく紹介するような同様な著作は存在していない。そのような意味で価値のある著作である。

DFG はこのような労作に対して永野教授を祝福するとともに、感謝している。

ドイツ研究振興協会 会長
ペーター・シュトローシュナイダー

Grußwort

Japan und Deutschland pflegen seit langem enge Beziehungen: Im 17. Jahrhundert kamen die ersten Deutschen mit der Niederländischen Ostindien-Kompanie nach Japan und brachten Kenntnisse über westliche Medizin mit ins Land, die in Japan auf großes Interesse stießen. Seit dem Ende des 19. Jahrhunderts war Deutschland besonders in der Medizin ein beliebtes Ziel von japanischen Forschungsreisen und ein wichtiges Vorbild: Deutsche Professoren unterrichteten Medizin an japanischen Universitäten und Deutsch war die wichtigste Fremdsprache in der Medizin – heute noch heißt die Behandlungskarte in Japan „Karte". Auch in den Naturwissenschaften entwickelte sich Deutschland zu einem wichtigen Vorbild für japanische Forscherinnen und Forscher.
Diese historisch gewachsenen Beziehungen in Wissenschaft und Forschung zwischen Japan und Deutschland sind heute ein wichtiger Teilbereich der deutsch-japanischen Zusammenarbeit. Wir haben sie deshalb auch im Jahr 2011 anlässlich des 150jährigen Jubiläums der Aufnahme diplomatischer Beziehungen zwischen Japan und Deutschland gefeiert.
Unsere gemeinsame Tradition in Wissenschaft und Forschung verbindet uns. Und sie verpflichtet uns, diese Zusammenarbeit weiter auszubauen. Die Deutsche Forschungsgemeinschaft (DFG) hat zu diesem Zweck im Jahr 2009 in Tokyo ein eigenes Büro eröffnet, das die deutsch-japanische Kooperation in der Forschung weiter fördern und intensivieren soll. Seither hat die DFG zusammen mit ihren japanischen Partnerorganisationen zahlreiche gemeinsame Forschungsprojekte fördern können – übrigens stets in der Gewissheit, dass sie sich in ihrer Arbeit auf die Unterstützung durch Professor Hiroshi Nagano verlassen kann. Dafür ist die DFG ihm zu großem Dank verpflichtet.
Der „Deutschlandkenner" Professor Hiroshi Nagano hat seit den 1980er Jahren, als er Attaché an der Japanischen Botschaft in der Bundesrepublik Deutschland war, Kontakte zur DFG. Er verfügt über ein breites Netzwerk zu Akteuren auf allen Ebenen des japanischen Wissenschaftssystems und er trägt auf vielfältige Weise zur Verständigung über das deutsche Wissenschaftssystem, die deutsche Forschungslandschaft und die Rolle der deutschen Wissenschaft in Europa und der Welt bei. Seit vielen Jahren unterstützt er nun schon die DFG bei ihrer Arbeit in Japan. Mit großem Stolz kann ich deshalb sagen: Er ist ein enger und besonderer Freund der Deutschen Forschungsgemeinschaft.
Durch die vorliegende Publikation stellt Professor Nagano seine fundierten Kenntnisse nun einem breiten japanischen Publikum zur Verfügung. Damit leistet er einen wesentlichen Beitrag zur Stärkung der Zusammenarbeit zwischen Deutschland und Japan und zur Vertiefung der Beziehungen zwischen der DFG und Japan. Bisher gibt es kein vergleichbares Werk, welches das komplizierte deutsche Wissenschaftssystem im Detail vorstellt. Das macht dieses Buch so wertvoll.
Die DFG gratuliert und dankt Professor Nagano für diese Leistung.

Professor Dr. Peter Strohschneider
Präsident, Deutsche Forschungsgemeinschaft (DFG)

序文：なぜドイツか？

最近、ドイツのことが話題になる。ドイツについて聞かれることが多くなったが、なぜだろうか。特に２０１４年の春先のハノーバー産業見本市の前後から多くなったような気がする。これはハノーバー見本市でかなり大々的に紹介された、「インダストリー４・０」と呼ばれるドイツ政府の提唱する政策に基づく産業界などの活動が日本のメディアによって報道され、これに我が国の経済界が注目したことが契機となっているように思える。

ではインダストリー４・０とは何であろうか。ドイツ政府はこれを「第４次産業革命」と称しているが、今世紀に入り米国をはじめとして世界で話題となっている、情報通信技術と製造業を融合して、新しい産業の形、あるいはこれまでとは次元の異なる社会の創造を目的としたコンセプトの、いわばドイツ版である。

情報通信技術と製造業の融合という話題は今に始まったことではなく、例えば今や毎日のように聞くインターネット・オブ・シングズ[1]（ＩｏＴ）という言葉は、既に前世紀の末に生み出されているし、サイバー・フィジカル・システム[2]（ＣＰＳ）という言葉も、米国の国立科学財団により２００６年から使われている。

それにもかかわらず、このドイツ生まれのインダストリー４・０が脚光を浴びたのは、キャッチフレーズのよさということもあるかもしれないが、世界に冠たる製造業国家であるドイツが本気で取り組むとなると、同じく製造業、ものづくりで世界をリードしているという自負心のある我が国の関係者

1　IoT, Internet of Things. モノのインターネット。

2　CPS, Cyber Physical System. バーチャル空間と実世界を一体化するシステム。

が、注意をはらわざるをえないところに追い込まれたからではないだろうか。ドイツは技術力に関しては世界が一目置く存在であるし、今世紀に入り世界的な経済金融危機もすばやく乗り越えて持続的成長をなしとげ、いまや欧州連合[3]（ＥＵ）はドイツなしには運営ができないような状況となっている。

ドイツにおける科学技術・研究開発は、経済成長を支えるばかりでなく、科学研究自体のアウトプットにおいても着実な変化を起こしている。科学研究の成果を測る場合に話題となる研究論文の質についてもドイツは上昇を続け、引用頻度の高い論文の割合は、そもそも論文の絶対量が多い第1位の米国、第2位の中国を別として、世界第3位の英国に肉薄してきている。したがって、科学研究で躍進を続け、さらに国をあげて情報通信技術と製造業の融合に取り組むドイツに関心が集まるのは、ある意味、当然かもしれない。日本ばかりでなく、これからの製造業強国をめざす中国も熱い視線を投げかけている。

ところが我が国では、ドイツの科学技術・研究政策に対する関心はそれほど大きかったとはいえない。日本政府が科学技術政策について新たなプログラムを考える場合、たいがいは米国と関係するものが多い。例えば、知的財産権ではバイドール法、企業に対する支援では中小企業技術革新制度（ＳＢＩＲ）など、何度も話題となり我が国への焼き写しも行われた。最近でも米国の国防高等研究計画局（ＤＡＲＰＡ）を模した日本版ＤＡＲＰＡ、あるいは国立衛生研究所（ＮＩＨ）を模した日本版ＮＩＨが話題になった。

米国と我が国では社会制度があらゆる面で違う。大学のシステムからはじまり、人々の流動性がまったく異なる。外部に対する開かれ具合も雲泥の差である。それにもかかわらず米国の事例が言及され、日本にも導入されるのは、米国は何といっても唯一の超大国であるし、戦後の安定的な日米関係に基づく交流が続き、米国を知る日本人の数が極めて多いからである。資料も英語であることを考えれば、あ

3　EU, European Union.

る意味、当然の結果ともいえる。

　それに対して、明治以降、我が国は医学をはじめとするさまざまな分野においてドイツから多くのことを学んでいる。しかし、戦後は米国と比べ、あまりにも人的な交流が少ない。ドイツのイメージとしては、以前から、質実剛健、時間・規則など約束を守る、ものづくり・製造業が強いなど、日本人との共通点が多くとりあげられる。また街に出ると多くのドイツ車が走っている。しかし、外見的なことはまだしも、ドイツがどのような国なのか、どのような社会システムで動いている国なのかということについては、まだまだ日本に知られていることは少ない。

　特に、研究開発のシステムとなると、最近はフラウンホーファー応用研究促進協会のシステムにまねできるものがあるのではないかという観点からの関心が出たりしているものの、それはドイツの社会・研究システムにおける一つの断面をみているに過ぎない。そこで本書では、ドイツでのものごと、システムはどのような基盤の上で動いているのか、はたして日本にとって取り入れることのできることがあるのか、そのような観点も含めて、ドイツとはどんな国なのかを考えていきたい。

　第1部では、ドイツ国家の形成から現代の躍進までに簡単にふれ、そこにおける科学技術政策の変遷をたどってみる。それに続き第2部では、ドイツの特徴的なシステムは何かということで、連邦と州の連結機構、基礎研究、いま話題のインダストリー4・0を含む産学公連携[4]、シンクタンク機能の設置、日本にはない州政府の役割、やはり我が国では考えにくいEUとの連携などについて順次みていく。

　第3部ではドイツにおいて極めて特徴的な人材養成に焦点をあて、詳しくふれることにする。前著『世界が競う次世代リーダーの養成』（近代科学社、2013年）では、混沌とした21世紀を賢く競い合い、世界をリードする国となるため、世界がどのように真剣に若く優秀な研究者を養成しているのかを調査、比較検討し、我が国への提言をとりまとめた。その中でドイツの卓越した若手研究者の支援の状

4　日本では一般に産学官連携というが、ドイツの場合はフラウンホーファー協会の研究所のような公的研究機関が加わる場合が多いので、本書では「産学公連携」と表記していく。

況を紹介したが、本書では同時に、ドイツの産業を支える多くの博士や技術者をどのように育成しているいるのかも注目していきたい。

　これらをみていくと、ドイツはインフラストラクチャー、すなわち長期的に必要な社会・経済的基盤に多くを投資していることがわかる。社会的基盤のうちでも特に大切なのは人材、人や組織のネットワークの構築であり、また、社会を率いるリーダーの養成である。戦後のドイツはこれまでわずか8人の首相が統治してきた。平均在任期間は10年弱である。第8代となる現在のメルケル首相も、少なくとも3期12年は連邦首相を務めることになる。継続性と専門性はドイツの大きな特徴である。これらをそなえたビジョナリーと呼ばれる秀でた人材の輩出は、国家の命運をも左右する。このような点にも注意しながら、ドイツのシステムがどのようなものか、順を追ってみていくこととしたい。

目次

第2部　ドイツの特徴的なシステムとは

第3部　若手人材の養成

第4部　日本への示唆

※本書では、1ユーロ=140円で換算している。

図表一覧

第1部

現代ドイツの構造はどのようにしてできたか

1 ドイツ国家の形成から現代の躍進まで

1-1 第二次世界大戦までの発展

国家となるのが遅れたドイツ

ドイツは一言でいえば、遅れて成立した欧州の枢要国である。英国が大英帝国として世界に君臨し、また、フランスがルイ王朝、ナポレオンなどにより欧州大陸の雄として覇を唱えてきたのに対し、ドイツは19世紀中葉に至るまで、各地に王国や封建領主の治める地域、自治都市が散在していた。世界の観光客が押し寄せる南部の有名なノイシュバンシュタイン城（新白鳥城）は、ミュンヘンを中心とするバイエルン王国のルートビッヒ二世が作らせたものである。王は趣味への国家資金の使いすぎもあってか、その後、ミュンヘン近くの湖で不慮の死を遂げることとなったが、今や、この城は世界の観光客のメッカとなり、ドイツ国家への収入に大いに貢献している。

20世紀初頭には現在の産業構造に

このようにばらばらに分裂していたドイツではあったが、1871年、ベルリンを本拠地とするプロイセン（プロシャ）王国が中心となって普仏戦争に勝利すると、ヴィルヘルム皇帝のもとドイツ帝国が成立し、ドイツという統一国家が姿を現した。その後、第一次世界大戦に敗れた後のワイマール共和国、ヒトラー政権下での全体主義国家という変転を経て、ふたたび第二次世界大戦で敗れたあとは、西側連合国の主導により、ドイツは州の権限を主体とする連邦国家として歩みを進めることになった。

この間ドイツは、19世紀半ば以降、化学や機械産業で目覚ましい発展をし、既に20世紀前半までには、ドイツの科学や技術の今日の姿の原型ができあがっていた。マイヤー・クラーマー元連邦教育研究省事務次官によれば、１８９０年から１９２０年頃のドイツの強さは、現在の産業構造における強さと既に類似しているとのことであり、機械、化学、石炭、鉄鋼、エネルギーなどのドイツ産業の支柱は、当時から続くものである。科学と産業の連携はそのころから深く、戦後から１９７０年代にかけてのドイツの化学産業の強さは、当時に源を発している。機械産業についても同様なことがいえるとのことである。

ドイツ的システムの発端

では、ドイツの科学技術政策はどこに端を発しているのであろうか。ドイツ帝政時代の歴史に残る著名な文化省官僚アルトホフ[1]は、新たな大学教育を対象とした教育政策[2]を確立した人物として著名であるが、彼の政策は、現在でいう科学技術政策ともいえる。アルトホフはどのように大学を組織するかだけでなく、産業界で使える人材を大学でどう育成するか、知識だけでなく職業教育が重要であることをどう理解させるかに腐心した（図１・１）。

当時のドイツではどんな仕事にも役立ちそうな技術者、職人が育成され、専門的な知識と技術を持つ人材は少なかった。そこでアルトホフは学部を確立させ、専門家の育成に力を入れた。例えば、化学に強い大学、物理学に強い大学というようにそれぞれの専門分野を際立たせ、そこに優秀な人材を集めて

1　Friedrich Althoff, 1839～1908.

2　Bildungspolitik.

フリトリッヒ・アルトホフ
(1839－1908)

第二帝政期
1882 年　文化省着任
教育政策 Bildungspolitik(1896)
アルトホフ改革
① 大学教員の俸給制度
② 学術図書館制度
③ 大学以外の多様な独立研究所設立
④ 細分化、専門化に対応した学問領域の組織化
⑤ 大学の大規模研究機関化
若手研究者に恵まれた研究条件を提案
最も優秀な研究者を選任
遺産：1910 年ベルリン大学 100 周年ヴィルヘルム二世発言
「もっぱら研究だけを目的とする機関を作る」（産官共同で）
→カイザー・ヴィルヘルム科学振興協会
→現在のマックス・プランク協会

図 1.1　教育・科学政策に取り組んだ文化官僚アルトホフ

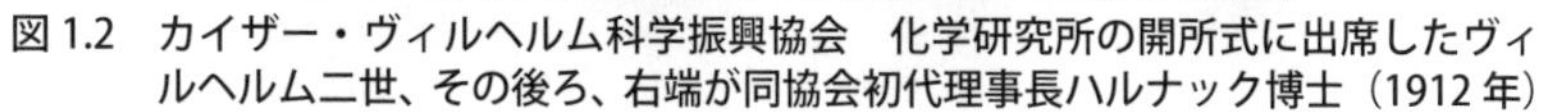
図 1.2　カイザー・ヴィルヘルム科学振興協会　化学研究所の開所式に出席したヴィルヘルム二世、その後ろ、右端が同協会初代理事長ハルナック博士（1912 年）

職業的な教育を行ったのである。

20世紀に入ると、これはアルトホフの遺言の実現という側面もあるが、1910年、ベルリン大学100周年の際のヴィルヘルム二世の発言をふまえ、1911年には産業界との協力により、もっぱら研究だけを目的とする機関として、マックス・プランク協会[3]の前身であるカイザー・ヴィルヘルム科学振興協会が創設された（図1・2）。現在、ドイツにおける公的研究の約半分は大学で、残りの半分は大学外の研究機関で実施されているが、ドイツの研究システムを特徴づける大学外研究機関というシステムは、この時期にスタートしている。

このような産業競争力の躍進、研究環境の整備もあってか、この時期のドイツの科学研究の躍進はめざましく、1901年にスタートしたノーベル賞の受賞において、第二次世界大戦以前のドイツは圧倒的な強さを示している（図1・3）。当時、米国有名大学の研究者の留学先といえばドイツであった。その理由の一つとして、今でも大学のあり方を議論すると必ず話題に上る「フンボルト理念」がある。これは、1810年にベルリン大学総長であったヴィルヘルム・フォン・フンボルト[4]が言い出したものとされる[5]、大学は教育と研究を車の両輪として活動すべきであるという考え方である（図1・4）。本当にフンボルトが言い始めたのかどうかは別として、この理念が世界に広まったことは確かである。興味深いことに、今日、実際の教育現場でこの考え方が実現されているのは、実は1876年に世界初の研究大学院大学としてスタートした米国のジョンズ・ホプキンス大学に端を発する、米国の研究大学院においてであるという指摘もある。

第一次世界大戦からナチス政権へ

第一次世界大戦が終わるとドイツの産業は疲弊し、科学研究も停滞したが、まさにこの時期、

3 マックス・プランク科学振興協会（MPG）。以下、マックス・プランク協会。

4 Wilhelm von Humboldt. 1767–1835. ドイツの言語学者・政治家・貴族。フンボルト大学（ベルリン大学）の創設者。

5 「フンボルト理念」が現実に言及され始めたのは1910年のベルリン大学創立100周年以降という考え方もある。

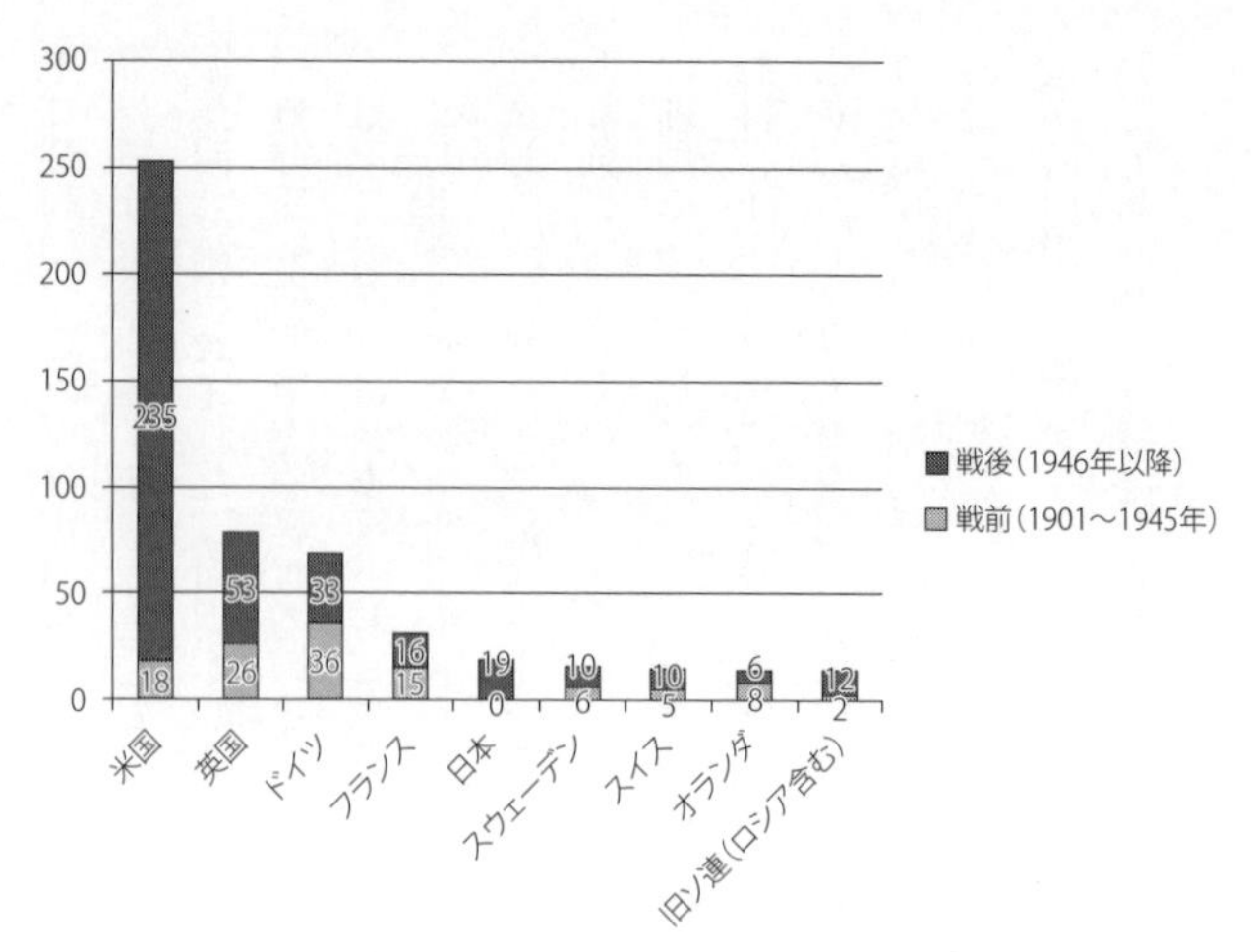

注）1．ノーベル賞は、自然科学分野の物理学、化学、生理学・医学の各賞のみとする。
2．受賞者の国名は国籍でカウントしている。ただし、二重国籍者は、出生国でカウントしている（2つの国籍と出生国が異なる場合、国籍のうち、受賞時の主な研究拠点国でカウントしている）。
3．2008年受賞の南部陽一郎博士と2014年受賞の中村修二博士は米国籍であることから、米国にカウントしている。
4．2011年以降の受賞者の国籍および出生国については、ノーベル財団が一部未公表であるため、当該情報が不明な受賞者は、同財団が発表時に公表した受賞時の主な活動拠点国でカウントしている。

出典：平成27年版科学技術要覧（文部科学省）、2015年については著者が加算

図1.3　ノーベル賞の各国別受賞者数（1901～2015年）

図1.4　ベルリン大学とフンボルト像

1920年に現在のドイツ研究振興協会[6]の前身、ドイツ科学非常事態協会[7]が設立されている。同じく、ドイツの民間助成団体を統合する組織として現在も活動しているドイツ科学寄付者連盟[8]の前身であるドイツ科学非常事態協会寄付者連盟[9]もこの年に設立されている。

ナチスが政権を取ると状況が一変した。当時、ユダヤ人研究者はアインシュタインをはじめ非常に優秀で、多くの研究機関に在籍していた。しかし、「ユダヤ人は公務員として認めない」という法律に始まり、年金受給を禁じたり、所得を禁止したりした結果、1936年までにユダヤ系研究者はドイツから姿を消し、その後、国家社会主義に賛意を表明しない研究者なども公的研究機関から一掃された。しかしこの時期、多くの研究者は反ナチスの勢力となることはなかった。

6 DFG, Deutsche Forschungsgemeinschaft.
7 NDW, Notgemeinschaft der Deutschen Wissenschaft.
8 Stifterverband für die Deutsche Wissenschaft.
9 Stifterverband der Notgemeinschaft der deutschen Wissenschaft.

1-2 連邦・州制度の導入

第二次世界大戦後に導入された連邦・州制度は、多くの権限を州に与えている。それもそのはずで、ドイツは敗戦後、連合国により分割統治されたため、国全体というより地域ごとの活動の方が先に進んだという事情がある。それに加え、ナチス時代は別として、もともと領邦国家の集まりであったうえ、プロイセン王国による統一後も地方分権が維持されていたという実態がある。

ドイツ連邦共和国は、旧ソ連軍の占領地域で旧東ドイツとなった地域を除き、米英仏の占領軍の撤退とともに1949年に発足し、憲法にあたる基本法が制定された。ちなみになぜ基本法と名づけたのかについては、憲法と名のつく立法は東西両ドイツが合体して統一ドイツとなった時に正式に作るべきであるので、それまでは暫定的な意味もこめて基本法でいくというのが当時の考えであったからである。

しかし、その後40年を経て、ドイツ国民が基本法という名称に親しみすぎてしまったせいか、1990年に東西ドイツが統合した後も基本法という名称は変わっていない。[10]

連邦と州の権限の分担は？

この憲法によりドイツは、各州により構成される連邦共和国として再建された。連邦であることから、我が国とは異なり、多くの権限が16の州[11]に属している（図1・5）。それでは、教育や研究については連邦と州のどちらが権限を持っているのであろうか。ドイツでは行政の執行権限は大きく3つに分かれている。

第1のカテゴリーは、連邦のみが立法権限を有する分野である。これらは憲法第73条に列記されている。例えば、外交、国防、国籍、通貨、度量衡、航空、郵便、通信、知的財産権、兵器・爆薬法、戦争障害者・遺族、原子力平和利用などに関する事項である。

第2のカテゴリーは、連邦・州の立法権限の競合する分野である。憲法第74条では、連邦と州の双方が立法権限を持つ分野がいくつも明記されているが、その一つとして科学研究に対する支援がある。この競合分野においては、憲法第72条により、原則として連邦政府がその立法権限を法律の制定により行使しない限りにおいて州政府が立法権限を有すること、さらに、連邦政府がその立法権限を行使できるのは、連邦全域における同等の生活水準の維持、あるいは連邦全域で法的、経済的統一性の維持のため連邦法が不可欠となる場合に限るものとされている。このように研究活動に対する連邦政府の活動は可能であるが、一定の条件がついていることがドイツの特徴である。

第3のカテゴリーは、文化や教育分野で、憲法に何も書かれていないものは州の権限である。ミュンヘン歌劇場のオペラが来日するような場合、日本では「バイエルン国立歌劇場」などと宣伝されるが、

10　誤解を避けるため、本書では基本法のことを憲法と記載することにする。

11　ベルリン、ハンブルグ、ブレーメンは都市ではあるが、歴史的経緯から州と同様の権限を保持している。

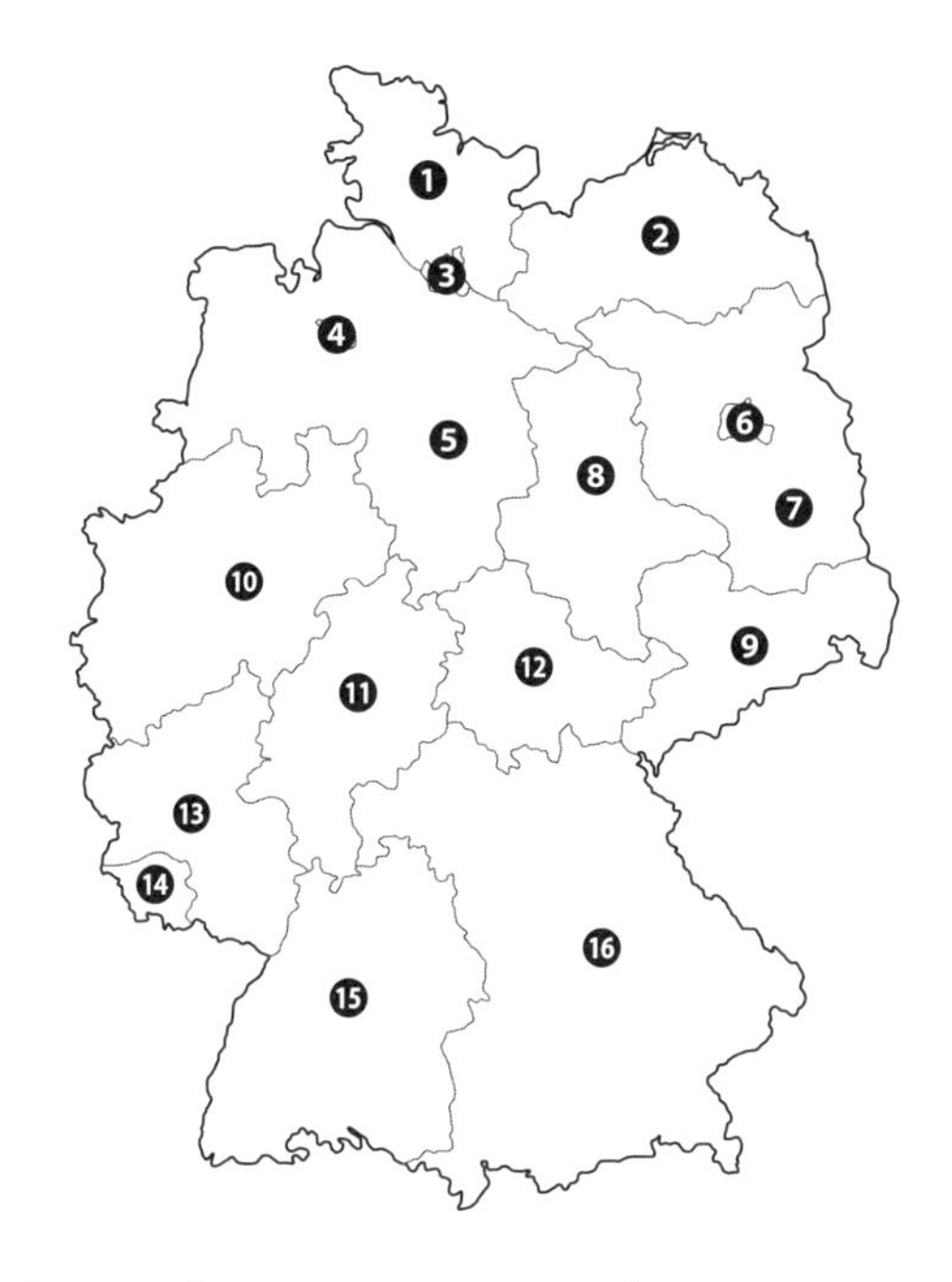

❶シュレスヴィヒ・ホルシュタイン州　州都:キール
❷メクレンブルク・フォアポンメルン州　州都:シュヴェリーン
❸自由ハンザ都市ハンブルク　州都:ハンブルク
❹自由ハンザ都市ブレーメン　州都:ブレーメン
❺ニーダーザクセン州　州都:ハノーファー
❻ベルリン　州都:ベルリン
❼ブランデンブルク州　州都:ポツダム
❽ザクセン・アンハルト州　州都:マクデブルク
❾ザクセン自由州　州都:ドレスデン
❿ノルトライン・ヴェストファーレン州　州都:デュッセルドルフ
⓫ヘッセン州　州都:ヴィースバーデン
⓬テューリンゲン自由州　州都:エアフルト
⓭ラインラント・プファルツ州　州都:マインツ
⓮ザールラント州　州都:ザールブリュッケン
⓯バーデン・ヴュルテンベルク州　州都:シュトゥットガルト
⓰バイエルン自由州　州都:ミュンヘン

図 1.5　ドイツの 16 州

実際は州立[12]である。

教育においては、例えば初中教育については各州が権限を有するため、東西両ドイツ統合後は、日本でいう高等学校卒業年次も旧西ドイツ側の州と東ドイツ側の州では1年の違いがあり、西ドイツ側では1年余計に勉強しなければならないという状況にあった。最近になり、ようやく1州を残すのみで、1年短い方のシステムに統一されてきた。

高等教育、すなわち大学の運営も、州の権限と責任において行われている。このため、州によっては他の州ではみないシステムの大学があったりする。また、州の財政レベルの差が大学の運営にも反映されることになる。

教育と研究に関する憲法の特別規定

教育と研究に関しては、憲法第91b条により、国全体として必要であれば、連邦と州の間の一定の合意により資金負担を含めて協力できるようになっている。実は、憲法第91b条については2014年に大きな改正があった。2014年までは、例えばマックス・プランク協会のような大学外研究機関に対しては、基盤的運営経費を含めて支援することが憲法で認められていたが、大学に対してはテーマと期間を区切った支援しかすることができなかった。2015年以降はこの制限がなくなり、連邦は州との合意が成立する範囲において、従来よりも幅広く大学を支援できるようになった。

具体的にみると、例えば、ドイツの有名な研究機関であるマックス・プランク協会などに対しては連邦も基盤的運営経費を提供しているが、これは憲法第91b条に基づき連邦と州が共同して負担割合を決定しているからである。マックス・プランク協会の場合は連邦と州の負担は50:50、産学公連携で有名なフラウンホーファー協会[13]の基盤的運営経費の場合は90:10、各地にある専門大学における研究目的の

12　確かに1870年まではバイエルン王国国立歌劇場であったのかもしれないが。

13　フラウンホーファー応用研究促進協会（FhG）。以下、フラウンホーファー協会。基盤的運営経費については、第2部7-2参照。

活動には100：0などと、憲法に基づく連邦と州の合意で決定されている。しかし、大学が対象の場合には、科学研究に必要な一般的な施設設備に対する支援は行うことができず、例えばエクセレンス・イニシアティブ[14]のように、採択されたプロジェクトの期間が7年間というような形で定められたプログラムにしか、連邦は支援することができなかった。2014年の憲法改正によりこの制限がはずれることは、ドイツの大学の将来にとっては大きな福音である。

頻繁に行われる憲法改正

なお、ドイツにおける憲法改正は、連邦議会[15]での3分の2および連邦参議院[16]での3分の2の賛成により成立するので、日本とは異なり、頻繁に行われている。教育と研究に対する支援、中でも教育については、各州とも自らの主権の及ぶ重要な事項とみなしているため、憲法における扱いについても常に難しい課題となっている。

連邦共和国設立当初の憲法においては、そもそも教育と研究に対する連邦政府の支援についての規定はなかった。1970年、マックス・プランク協会のような公的研究機関に対しては連邦政府の支援が不可欠であることが明白になったため、新たに第91b条が設けられた（図1・6）。この規定によれば、教育計画の立案、連邦全体にかかわる科学研究のための施設・装置やプロジェクトに対しては、大学におけるものも含めて、連邦政府と州政府は合意の上、協力することができるとされた。このため、今では考えられないが、連邦政府の立法として高等教育大綱法のような法律まで制定されていた。

その後、特に2000年代に入り、連邦と州の権限の整理をめぐる議論が熱を帯び、2006年に、入り組んだ連邦・州の権限問題の整理のために憲法改正が行われた。その際に、いわばそのあおりを受け、教育計画の立案が削除されたほか、州に主権のある高等教育機関への連邦政府からの支援について

14　第1部3－2参照。

15　日本の衆議院に相当する下院。

16　選挙ではなく、州の代議員で構成される上院。

[1970－2006]
連邦と州は、合意に基づき、地域を越える意義を有する場合、教育計画の立案、および科学研究の施設設備とプロジェクトの支援にあたり、協力することができる。

[2006－2014]
連邦と州は、合意に基づき、地域を越える意義を有する場合、次の支援にあたり、協力することができる。

1. 大学以外の科学研究の施設設備とプロジェクト
2. 大学における科学研究プロジェクト
3. 大学における大規模機器を含む研究のための建物

前文 2. については全州の合意を要する。

[2015－]
連邦と州は、合意に基づき、地域を越える意義を有する場合、科学、研究、および教育の支援にあたり、協力することができる。教育が中心となる合意の場合には、全州の合意を要する（大規模機器を含む研究のための建物の場合を除く）。

図 1.6　憲法（基本法）第 91b 条第 1 項の変遷

は、期限つきの科学研究プロジェクトに対するものと、それ以外は研究のための建物（大規模機器を含む）に対する支援のみしかできないことになってしまった。

しかしながら現実をみると、州によっては財政状況にかんがみ理屈通りに高等教育の負担をすることができないため、２０１４年末にふたたび憲法改正が行われ、「連邦全体への意義がある場合、科学、研究、教育において連邦政府と州政府は合意のうえ協力できる」という規定に改正され、２０１５年１月より運用されることになった。今度は以前よりさらに条件が緩和され、大学の基盤的運営経費[17]まで、必要に応じて連邦政府が負担できるようになった。もっとも、どの時点でどこまで支援するかについては、別途、連邦政府と州政府が合意する必要があるので、現実にすぐ実現するというわけではない。

連邦政府の研究費負担

なお、現状の研究活動の財源負担をみると、多くの部分を連邦政府が負担している。そもそもドイツでは、公的機関における研究のうち大学以外で行われるものが45％を占め、その財源の多くは連邦政府の負担である。また、大学の研究費に占める第三者の負担もかなりあり[18]、ドイツ最大のファンディング機関であるドイツ研究振興協会[19]ばかりでなく、連邦教育研究省（ＢＭＢＦ）、連邦経済・エネルギー省（ＢＭＷｉ）など連邦各省からの資金が大学で使われている。

地方が元気なドイツ

このように、ドイツでは長い歴史上で地方がそれぞれ独立していたこと、また、現在の憲法でも連邦制で州の権限がしっかりと規定されていることから、地方色が豊かであり、各州の独立性が高い。そればかりでなく、これまでの歴史的な発展を反映し、いろいろな産業が各地域に散在していて、どの州に

17　日本の運営費交付金に相当。

18　第三者資金が大学全体の予算の20％を占める。医学関係では25～30％。

19　58％が連邦負担。

行っても特色ある産業、それも大企業ではなく、中小企業が存在している。日本にも中小企業は多いが、ドイツは日本以上に元気な中小企業が国境を越えて活躍していることで際立っている。

ドイツ全体の産業構造をみても、20世紀初頭から現在に至るまで、南部の州で先端産業が盛んになってきたこと以外には、それほど大きな変革があったとはいえない。このため、ドイツでは地域を主体としたクラスター支援政策が盛んに導入されている。

1-3 躍進するドイツ

製造業で気を吐くドイツ

冒頭にも述べたように、現在のドイツはEUでは一人勝ちといわれている。ドイツは何といっても輸出大国であり、GDPの39・2%、製造業の60%が輸出に回っている（2013年）。輸出の絶対額でドイツは米国、中国に次いで世界第3位となっており、貿易収支はずっと黒字基調である。

特許をみてもドイツの出願は多く、欧州特許庁の統計によればドイツのパテントファミリー出願数（2008〜2010年の平均）は、フランスの2・7倍、イギリスの3・6倍である（表1・1）。また、欧州特許庁における人口1人あたりの特許（2005〜2014年）をみると、フランスの2・2倍、英国の5倍となっている。

当然、技術を体化した製品の輸出にも影響している。ハイテクノロジー産業[20]をみると、停滞・減少気味の日本と比べ継続して増加しており、1995年には日本の0・51倍であったものが、2013年には日本の2・2倍になっている（図1・7）。さらにミディアム・ハイテクノロジー産業[21]はドイツの独

20 航空宇宙、電子機器、医薬品。
21 化学品・化学製品、電気機器、機械器具、自動車など。

表 1.1　パテントファミリー数（2008～2010 年の平均）

2008－2010 年（平均）			
パテントファミリー数			
国・地域名	整数カウント		
	数	シェア	世界ランク
日本	59,140	28.4	1
米国	44,739	21.5	2
ドイツ	29,671	14.2	3
韓国	17,628	8.5	4
中国	11,766	5.6	5
フランス	10,967	5.3	6
台湾	10,157	4.9	7
英国	8,285	4.0	8

注：パテントファミリーとは、優先権によって直接、間接的に結びつけられた 2 ヵ国以上への特許出願の束をいう。
出典：科学技術指標 2015、科学技術・学術政策研究所、調査資料 -238

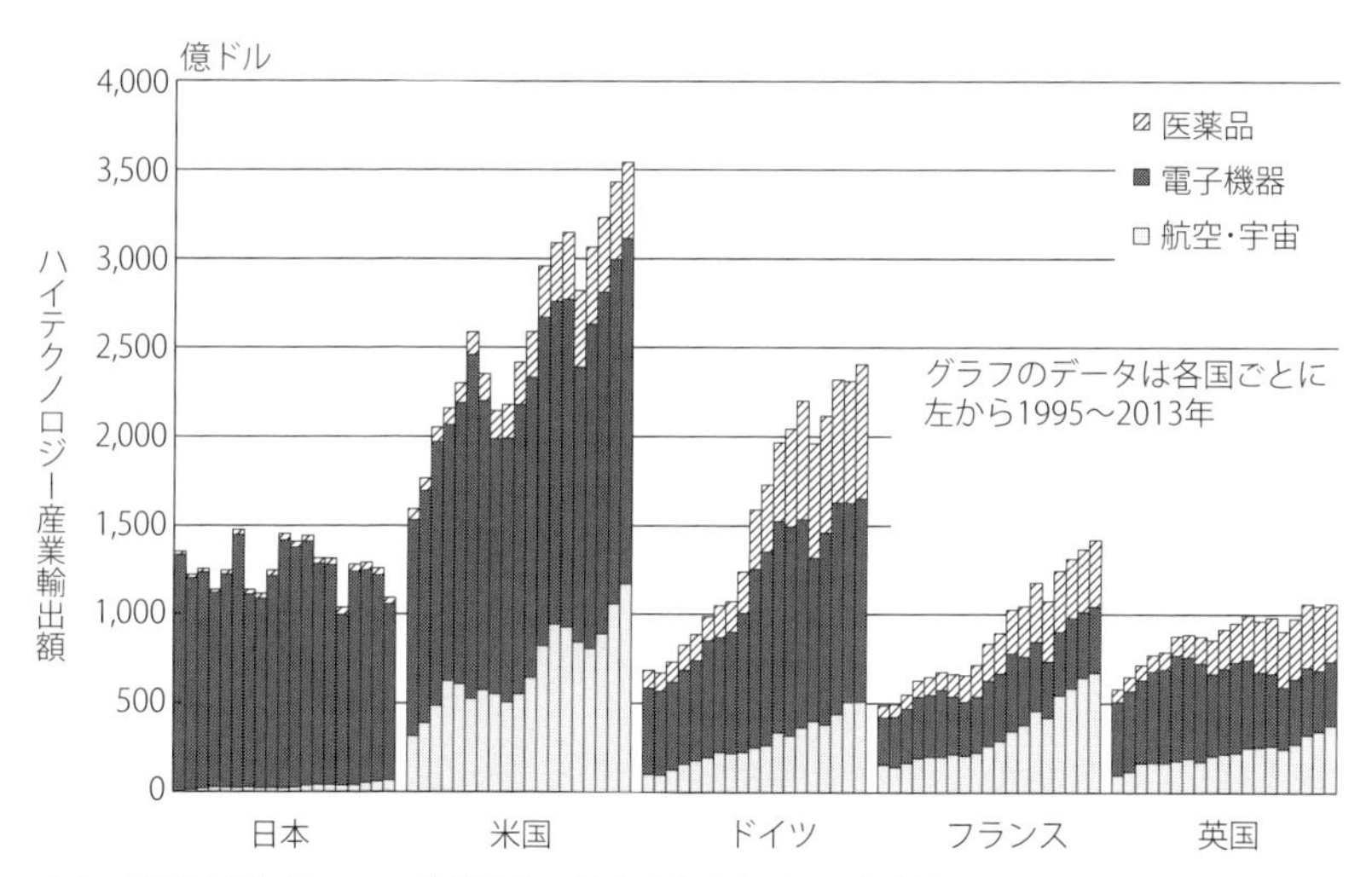

出典：科学技術指標 2015、科学技術・学術政策研究所、調査資料 -238

図 1.7　主要国におけるハイテクノロジー産業貿易額の推移

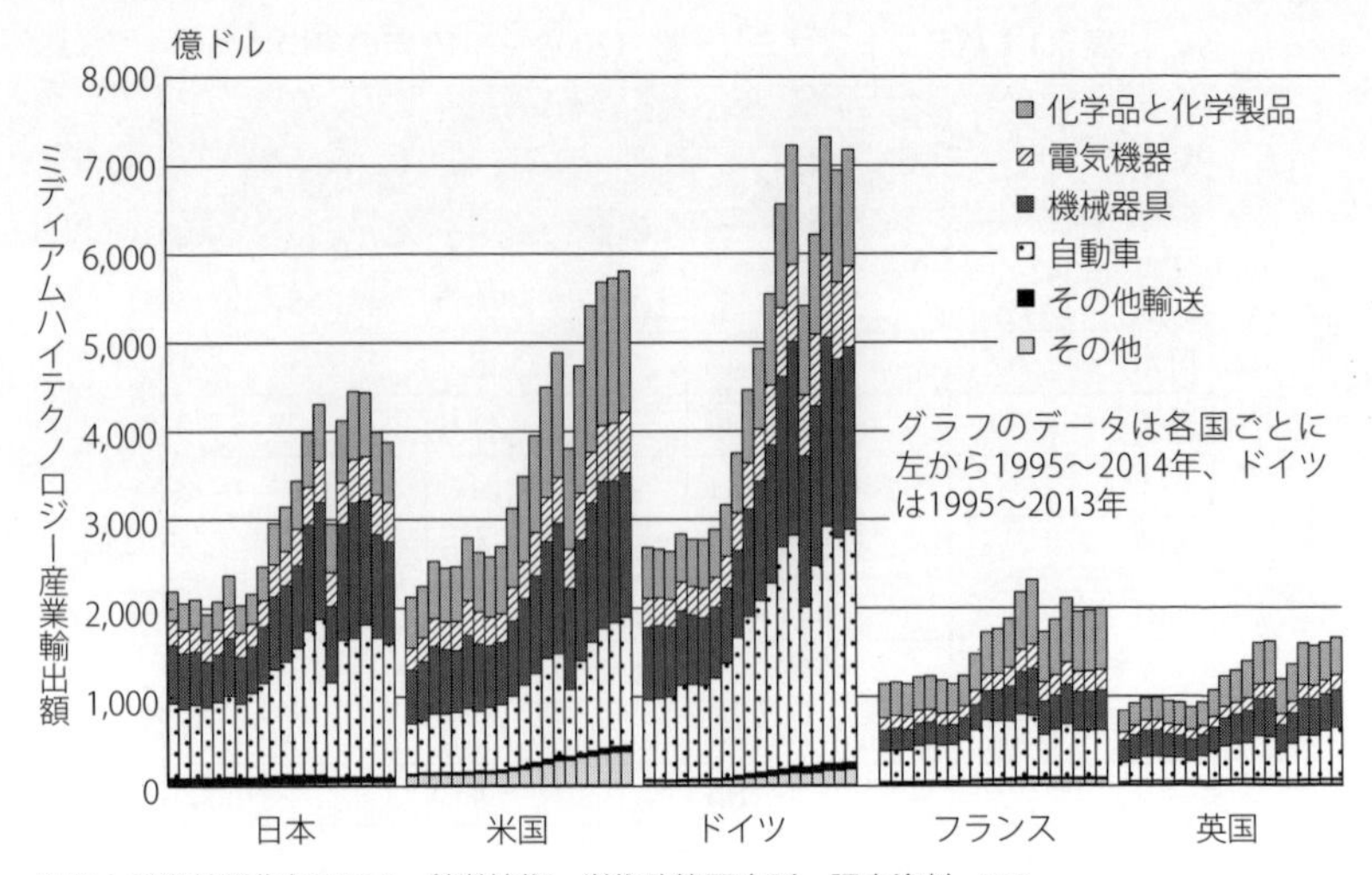

出典：科学技術指標 2015、科学技術・学術政策研究所、調査資料 -238

図 1.8　主要国におけるミディアムハイテクノロジー産業貿易額の推移

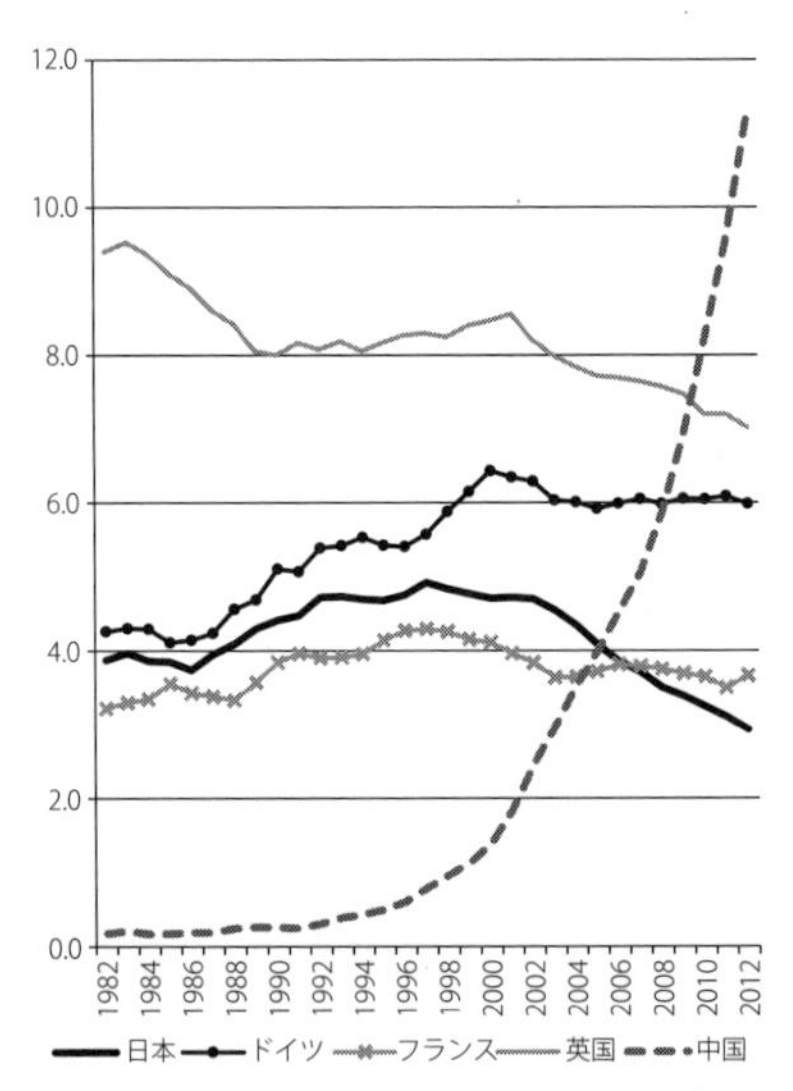

注　：分析対象は、article、review である。年の集計は出版年（Publication year, PY）を用いた。全分野での論文シェアの 3 年移動平均（2012 年であれば PY2011、PY2012、PY2013 年の平均値）。分数カウント法である。被引用数は、2014 年末の値を用いている。

資料：トムソン・ロイター　Web of Science XML (SCIE, 2014 年末バージョン) を基に、科学技術・学研術政策究所が集計。

出典：科学技術指標 2015、科学技術・学術政策研究所、調査資料 -238

図 1.9　主要国の Top1 %補正論文数シェアの変化（米国を除く）

壇場で、日本も伸びてはいるものの、1995年には日本の約1・2倍であったものが、2013年には約1・8倍にもなっている。(図1・8)。

論文でも世界をリード

一方、戦後は下がった基礎研究のレベルも着実に向上しており、論文の絶対数の増加ばかりでなく、引用される頻度も増加している。引用されることが多い論文であるほど、その論文の学界におけるインパクトが大きいといわれるが、その中でも最も引用数の多い論文、すなわち引用数で数えて上位1%の論文の著作者の所属機関を調べると、各国の科学研究の水準を考える上での参考となる。その数字をみるとじつに面白い。1位は米国で動かないものの、[22]その割合は減少傾向である。2位には、急速に論文数を伸ばしている中国が、2010年に浮上した。これに対して、3位は英国が維持しているが、その割合は減少傾向であり、近年、着実に論文の質を高めているドイツが、いずれ英国を抜く勢いにある(図1・9)。

日本は?

これに対し我が国は、1997年までは上昇を続け、一時は4・9%となり米国、英国、ドイツに次ぎ、余裕を持って世界第4位につけていたが、その後反転した。累次の科学技術基本計画で基礎研究の重要さが指摘され続けているにもかかわらず、ずっと低下し続け、いまや2・9%にまで落ち、米国、中国、英国、ドイツ、フランスに次ぐ世界第6位まで落ち込んでいる。このようにドイツと我が国は好対照をなしている。

22 現在約40%弱。

2 科学技術政策の変遷

2-1 戦後の科学技術政策

第二次世界大戦後、ドイツの科学技術・研究政策はふたたび動き出すことになるが、その特徴としては2つの方向があげられる。1つ目は、石炭、鉄鋼、エネルギー、特に原子力平和利用というような特定分野へ注力すること、2つ目は、マックス・プランク協会、ドイツ研究振興協会というような公的な研究機関、研究助成機関の再建、運営である。

連邦政府は原子力省からスタート

連邦政府部内では、まず1955年に連邦原子力省ができ、その後、1962年に連邦科学研究省に衣替えした（図2・1）。1960年代には研究の専門化、細分化が進み、この時期から情報技術や材料研究なども始まり、プロジェクトファンディングもスタートした。プロジェクトの推進のため、プロジェクト・エージェンシー[1]という非常にドイツ的な仕組みが始まったのも1960年代の初めである。

1　ドイツ語ではProjekt-träger.

1955 年　連邦原子力省　設立

1962 年　連邦科学研究省に衣替え

1969 年　連邦教育科学省 (BMBW)（教育計画を付加）

1972 年　連邦研究技術省 (BMFT) 誕生
BMBW も存続（職業教育を獲得）
原子力規制権限は内務省へ

1994 年　連邦教育科学研究技術省（両省の統合）

1998 年　連邦教育研究省（技術政策は経済技術省へ）

図 2.1　連邦研究担当省の変遷

ドイツ的な組織　プロジェクト・エージェンシー

なぜドイツ的か？ドイツ以外には似たような機関がないからである。プロジェクト・エージェンシーは政府の省庁、例えば連邦教育研究省の名前において資金配分に携わる、役所外の組織である。以前は随意契約により、航空宇宙研究所やユーリッヒ原子力研究所のような大規模公的機関が、いわばサイドビジネスとして受託していたが、その後、EUの規則とあわないということになり、現在は3年ごとに公募で決められ、ドイツ以外のEU加盟国からも、また、民間企業も応募できる。約20近くの組織が、エネルギー、ライフ、宇宙、高エネルギー物理など専門分野に分かれて、政府の研究プロジェクト資金の配分に携わっている。いまでは研究プロジェクトだけではなく、国際関係事務のような本来は官庁の実施する事務の一部もプロジェクト・エージェンシーが実施している。

最大のプロジェクト・エージェンシーには職員が900名、次に大きいものには550名という具合で、黒子的な組織ではあるが、親元の官庁と肩を並べる大きな組織である。政府職員数は年間1～1・5%減少しているので、その補填を行っているともいえる。日本でも科学技術振興機構の仕事の一部に同様なものがあるが[2]、それが大々的に行われているといってよい。

本格的な科学技術・研究政策へ

1970年代になると、科学政策から本格的な科学技術・研究政策への発展をみることになる。1972年には連邦教育科学省とは別に連邦研究技術省が設立され、本格的に技術移転や産学公連携が議論されるようになった。この時期は原子力政策[3]、交通輸送政策[4]、エネルギー政策[5]などが常に話題となり、新技術に対する熱狂的な機運があった。1970年代後半から1980年代となると、イノベーションがテーマとなり、特にイノベーティブな中小企業をどう支援するかが議論された。また、商工会

2　事務作業のみを請け負い、事業は中央官庁の名前で実施されるもの。

3　多目的高温ガス炉や高速増殖炉の開発。
4　磁気浮上列車の開発。
5　風力発電。

議所の役割が大きくなり、イノベーションコンサルティングが必要とされるようになった。
21世紀になると、研究政策は、

① ドイツにおける2つの研究の主流である、大学と大学外研究機関を1つのシステムとしてとらえ、連携して発展させること（科学システム政策）

② 研究基盤の整備や制度改革を含めた総合的なイノベーション政策

の2つを政策の目標とした。この2つを具体的な施策に落とし込んだのが、メルケル政権における「ハイテク戦略」である。

マイヤー・クラーマー元連邦教育研究省事務次官は、ドイツの科学技術政策はドラスティックに変革を繰り返したわけではなく、玉ねぎのように核となる政策があって、その周りに少しずつ時代とともに要素が増えていったのではないかと総括している。

2-2 シュレーダー政権による社会システム改革

ドイツ病にかかっていたが…

ドイツは現在、政治、経済とも上げ潮に乗っていて、ＥＵを実質的に支えているのはドイツという感じであるが、これはつい最近の話である。私が在西ドイツ日本大使館にいた１９８０年代中頃は、経済成長と技術革新のメッカでもあった日本から学ぼうという動きがかなり顕著にあった。その後、東西ドイツの統一後は、旧東ドイツ地域のインフラ整備のために巨額の投資を要し、今世紀に入ってもドイツ病という言葉が聞かれ、ドイツはＥＵのお荷物といわれていた。

それがこの10年程度の間に、なぜ、どのような変化があったのだろうかという質問を、現在ドイツ連邦議会の最長老議員であるリーゼンフーバー元連邦研究技術大臣[6]（図2・2）にしたところ、驚くべきことに、現在はたまたま連合政権を組んでいるが、もともとは反対野党であるドイツ社会民主党（SPD）政権時のシュレーダー首相[7]による大改革に、現在の成功は起因しているという返事であった。反対党政権の首相の政策を褒めるということに驚き調べてみると、確かにメルケル首相の前任者、シュレーダー首相の功績の大きいことがわかる。

6　私の在西ドイツ大使館勤務時の大臣、メルケル首相と同じ政党であるキリスト教民主同盟（CDU）に所属。

7　メルケル首相の前任者。

シュレーダー首相によるハルツ革命とアジェンダ2010

ドイツの首相は、1982年から1998年という長期間、CDUのコール首相が務めていたが、当時の野党であったSPDはもともと労働組合を支持基盤としていて、雇用の安定を唱えていた。1998年の総選挙において、シュレーダー首相の率いるSPDは、最悪の状態にあった失業率の回復、失業者数の削減を旗印に選挙に勝利したが、案に相違し、失業者数の減少は実現しなかった。そこで首相は、当時フォルクスワーゲン社の役員であったハルツ氏を長とするハルツ委員会を組織し、抜本的な対応策を提案させた。これが「ハルツ革命」ともいわれるもので、内容としては、SPDの従来路線に全く反する、失業保険給付期間の短縮、解雇と有期雇用の容易化などからなりたち、年金受給年齢の引き上げも狙っていた。シュレーダー首相は、この提案を「アジェンダ2010」とし、関連法案を成立させた。

これは当然のように党内での亀裂を生み、一部の左派は党を離脱し、新党を作るまでの騒ぎになった。同じような内容の法案はそれ以前にも保守党のCDUから提案されていたが、野党SPDの反対で成立せず、このハルツ革命は、SPDが政権にあったからこそ実現したともいわれている。しかし、こ

図 2.2　リーゼンフーバー元連邦研究技術大臣（現連邦議会最長老議員）と著者

図 2.3　メルケル首相

のハルツ革命によりシュレーダー首相は2期8年の任期を全うできず、任期を1年残して退陣し、その次の選挙では、CDUを率いたメルケル氏（図2・3）に連邦首相の座を明け渡した。彼はその後、政治家としての仕事を放棄せざるをえないほどに嫌われて政界を去った。

EUリスボン戦略の実現に取り組んだドイツ

しかし、シュレーダー首相がこのような社会・労働政策をアジェンダ2010として発表したことには、卓見があった。アジェンダ2010は、欧州の経済競争力を強めることを目的として2010年を目指して合意された、EUの「リスボン戦略」を実現するために、ドイツが自らの政策として設定したものである。シュレーダー首相は、その実を結ぶのは自分の任期中というより、任期を越えた2010年頃と設定した政策を作ったわけである。その果実を得たのがメルケル首相ということになる。

シュレーダー首相の改革の成果は如実で、今世紀に入ってからの賃金上昇は、フランスや南欧では顕著であるにもかかわらず、ドイツではごくわずかであった。ドイツの経済が好調な理由としては、ユーロ圏におけるドイツの優位性もある。ユーロ導入前は生産性が相対的に低下しても通貨切り下げで対応できた南欧諸国にとって、そのような手段がなくなったにもかかわらず、労働生産性向上への努力を怠る状況が続けば、経済競争力に反映されるのは時間の問題であった。

2013年、メルケル首相は第3期に入る連邦議会選挙に勝利したが、従来連立を組んできた自由民主党（FDP）が議席を失ったため、保守系政党で過半数を占めることができなかった。そこでCDUはSPDと大連立政権を組んだが、連立政党となったSPDはシュレーダー首相時代とは逆方向を向いているため、現在のSPDの意向をくみ、メルケル首相は最低賃金の増額に同意することになった。それほどシュレーダー首相の改革は徹底していたわけである。

2-3　メルケル政権の科学技術・研究政策

初めて作った政府全体の科学技術・研究戦略

　さて、国全体の科学技術・研究政策[8]ということになると、ドイツでは比較的最近まで、我が国の科学技術基本計画に相当するような国全体の政策はなかった。しかし、メルケル首相の政権になり、2006年に初めて「ハイテク戦略」と呼ばれる包括的文書が作成された。これは、政府の施策を、推進すべき17分野にまとめて国際的な比較をしたり、システム改革事項をとりまとめたりしたものである。ただし、これはどちらかというと、ドイツ政府部内で遂行している研究開発をすべて取り上げ、横並びにして取りまとめたという域を出ないようにみえた。

　日本の科学技術基本計画は5年ごとに策定されるが、ドイツでは政府の施策の骨格をなす計画は、政権ごとに決定される。何事もなければ連邦議会の選挙は4年ごとに行われるので、この第1期ハイテク戦略の計画期間も2006年から2010年の4年間となっている。確かに、大きな政権交代があれば政策が変わることも当然であり、日本のように政権と関係なく5年という周期で基本計画が策定される方が不自然かもしれない。もっとも、近年は日本でも、安倍内閣では科学技術基本計画とは別に、毎年、科学技術イノベーション総合戦略が策定されている。

8　日本では科学技術政策というが、ドイツ、EUなどでは研究政策という表現が一般的である。

輪郭がはっきりしてきた第2期戦略

ドイツのハイテク戦略は、メルケル首相の第2期になるとその輪郭がはっきりみえるようになった。すなわち、気候変動・エネルギー、健康・栄養、移動・運搬、安全、情報通信という、社会が一体となって横割り的に対処すべき5つの課題を「グローバル課題」として取り上げ、これらを解決すべき施策として「未来プロジェクト」を発足させた（図2・4）。まさに課題先行型である。未来プロジェクトは10～15年にわたるイノベーションの課題を具体的に解決していくためのプロジェクトである。当初は11あったが、その後、「ITを活用した省エネルギー」と「未来の労働形態・組織」を統合し、「インダストリー4・0」としたので、現在は10のプロジェクトが進行中である。

ハイテク戦略における「未来プロジェクト」

未来プロジェクトを予算面からみると、2012～2015年の間の所要額としては、全体で84億ユーロ（約1兆1000億円）を想定している。そのうち、巨額なものは「エネルギー供給の賢い転換」（37億ユーロ、約5200億円）、「持続可能な移動システム」（21億9000万ユーロ、約3000億円）の2つであり、これに「石油代替再生資源」（5億7000万ユーロ、約800億円）、「カーボンニュートラルで、エネルギー効率が高く、気候変化に適応する都市」（5億6000万ユーロ、約780億円）が続いている。その次は、「個別医療によるよりよい治療」（3億7000万ユーロ、約520億円）、「自立した高齢者の生活」（3億5000万ユーロ、約430億円）という健康関係であるのも、いわば自明のことであろう。原子力から撤退し、環境大国を狙うドイツにとって、エネルギー関係の課題が並ぶのは当然であるし、世界の自動車市場を圧倒するドイツが、次世代自動車などの移動システムで市場をリードしたいというのも、当然のことであろう。ここに出てくるテーマ名をみる

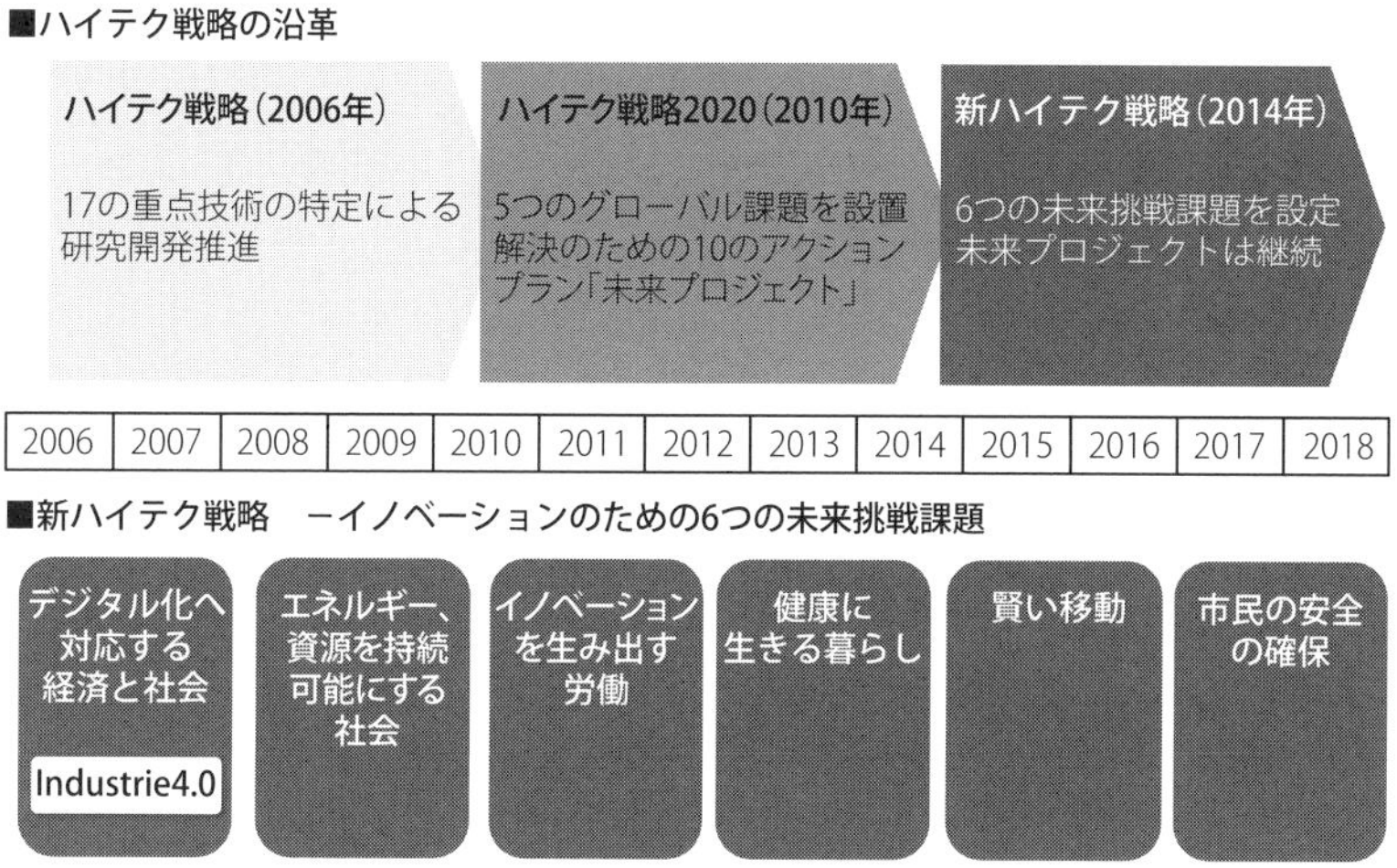

■ハイテク戦略の沿革

ハイテク戦略（2006年）
17の重点技術の特定による研究開発推進

ハイテク戦略2020（2010年）
5つのグローバル課題を設置
解決のための10のアクションプラン「未来プロジェクト」

新ハイテク戦略（2014年）
6つの未来挑戦課題を設定
未来プロジェクトは継続

2006	2007	2008	2009	2010	2011	2012	2013	2014	2015	2016	2017	2018

■新ハイテク戦略　－イノベーションのための6つの未来挑戦課題

デジタル化へ対応する経済と社会
Industrie4.0

エネルギー、資源を持続可能にする社会

イノベーションを生み出す労働

健康に生きる暮らし

賢い移動

市民の安全の確保

図 2.4　ハイテク戦略の沿革と新ハイテク戦略

表 2.1　10 の未来プロジェクト（2012～2015 年の想定所要額）

（単位：億ユーロ）

課題	未来プロジェクト	想定所要額
気候・エネルギー	カーボンニュートラルで、エネルギー効率が高く、気候変化に適応する都市	5.6
	石油代替再生資源	5.7
	エネルギー供給の賢い転換	37.0
健康・栄養	個別医療によるよりよい治療	3.7
	適切な予防と食生活による健康増進	0.9
	自立した高齢者の生活	3.1
輸送	持続可能な移動システム	21.9
通信	経済社会におけるインターネットをベースとしたサービス	3.0
	インダストリー 4.0	2.0
安全	通信ネットワークの安全な運用	0.6

と、まず、テーマの名称自体に面白いプロジェクトが存在することと、研究開発については省庁縦割りではなく、国家にとって必要な分野が素直に並んでいるような印象を受ける（表2・1）。

これらの6つの項目に続くものも面白い。7番目は「経済社会におけるインターネットをベースとしたサービス」（3億ユーロ、約420億円）、8番目に「インダストリー4・0」（2億ユーロ、約280億円）というものが突然現れる。この2つとも、コンピュータとネットワーク技術の急速な発展を社会全体としてどのように迎え撃つかという発想からのテーマである。特にインダストリー4・0は、ドイツが製造業とソフトウェアをベースとして第4次産業革命を起こそうという、かなり理念に燃えた大それた計画である。これは非常に興味深い挑戦ともいうべきものであり、我が国でも関心を呼んでいるので、別途、第2部9などで詳述する。

連邦と州による2つの協約

未来プロジェクトと同時に重要な事項としてあげておくべきものは、これまでなかったような州との協力による政策の実施がある。州との協力による合意は協約[9]と称され、2つの大きな協約が存在する。1つは「研究・イノベーション協約」、もう1つは「高等教育協約」である。

研究・イノベーション協約　毎年増える研究予算

研究・イノベーション協約は2005年からスタートしたもので、組織としての大学以外の研究関連機関、すなわち、マックス・プランク協会、フラウンホーファー協会、ヘルムホルツ協会[10]、ライプニッツ協会[11]、それにファンディング機関であるドイツ研究振興協会に対する拠出額を、協約の第1期（2005~2010年）は毎年3%、第2期（2011~2015年）は毎年5%ずつ増額してき

9　Pakt.

10　ヘルムホルツ協会ドイツ研究センター（HGF）。以下、ヘルムホルツ協会。

11　ゴッドフリート・ヴィルヘルム・ライプニッツ科学協会（WGL）。以下、ライプニッツ協会。

た。その負担について連邦と州は、憲法第91b条に基づき設定されている割合で支出している。第3期（2016～2020年）は、やはり年3％ずつの増額が既に決定している。第3期における変更点は、全額を連邦政府が支出するということであり、連邦政府の意欲が伝わってくる。

この協約は、①研究システムのダイナミックな発展、②研究システムの効率的なネットワーク化、③新たな国際戦略の展開、④経済との持続的な協力関係の構築、⑤最高の人材の獲得、という5つの目的を掲げている。この結果、研究機関側では財源について安定的な将来予測ができるので、長期にわたる研究計画を極めて設計しやすくなっている。予算は2011～2015年の第2期分が49億ユーロ（約6800億円）、2016～2020年の第3期分が39億ユーロ（約5500億円）とされている。ちなみにこのような増額は、単にメルケル首相が理科系出身だからということだけで勝ち取れたわけではなく、ドイツの科学技術界のリーダーが多くの発言、ロビー活動をしたことによる。我が国でも、総合科学技術・イノベーション会議をはじめとした科学技術関係者、特に学界と経済界が一丸となって、全体予算を増やすためにもっと声をあげるべきである。

高等教育協約

高等教育協約は、増え続ける高等教育入学希望者に対応できるように、州の主権に属する高等教育について、連邦が州政府に対して支援することを取り決めたものである。ドイツにおける高等教育への進学率は、2005年に[12]37％であったものが既に50％まで伸びていることと、東西ドイツの統合による高等学校卒業年齢の平準化による一時的増加が重なり、大学の収容力の増強が社会的課題となっていた。このため連邦と州政府は、第1期（2007～2010年）、第2期（2011～2015年）、第3期（2016～2020年）と3期に分けて協約を結び、2007から2023年までの支出額として州

12　19歳で卒業していた州での卒業年齢を18歳に統一しつつある。

が183億ユーロ(約2兆5600億円)を支出するのに対し、連邦が202億ユーロ(約2兆8280億円)を負担することにしている。

EUの研究開発投資の政治目標、対GDP比3%をドイツの国家目標に

さらに、ハイテク戦略の大きな目的の一つとしては、研究開発投資の増額がある。EUは2000年に「リスボン戦略」という社会・経済戦略を打ち出し、2010年を目指して競争力のある知識基盤社会を作り上げることを政治目標として設定した。中でも研究戦略については、大きなエポックとなる「欧州研究圏」[13]という構想を打ち出した。これは、経済活動と同様、研究活動においても研究者や学生が自由に欧州内を行きかうことにより、欧州を米国、アジアと並ぶ研究活動の集積点としようとするものである。これに伴い、翌2001年、数値目標として、「バルセロナ・ターゲット」として知られるEU全体の研究開発費を対GDP比3%に引き上げるという政治目標を掲げた。この3%については、うち2%が民間から、1%が公的部門から支出されることを想定している。

欧州においては、一方ではスカンジナビア諸国のように、当時においても研究開発費の対GDP比が4%に到達している国もあったが、大部分は相当に低く、EU平均では2%弱という情けない数値であった。リスボン戦略の目標期間である10年を経過してもそれほど変わらなかった国が多い中で、ドイツは果敢にこの目標を追求し、当初は2・5%以下であったものが、最近では2・9%まで上昇し、3%目標にかなり接近している(図2・5)。

それではおさまらないメルケル首相の研究・教育への熱意

しかしながら、メルケル首相の研究・教育に対する熱意はこれにとどまらない。2008年には各州

13 ERA, European Research Area.

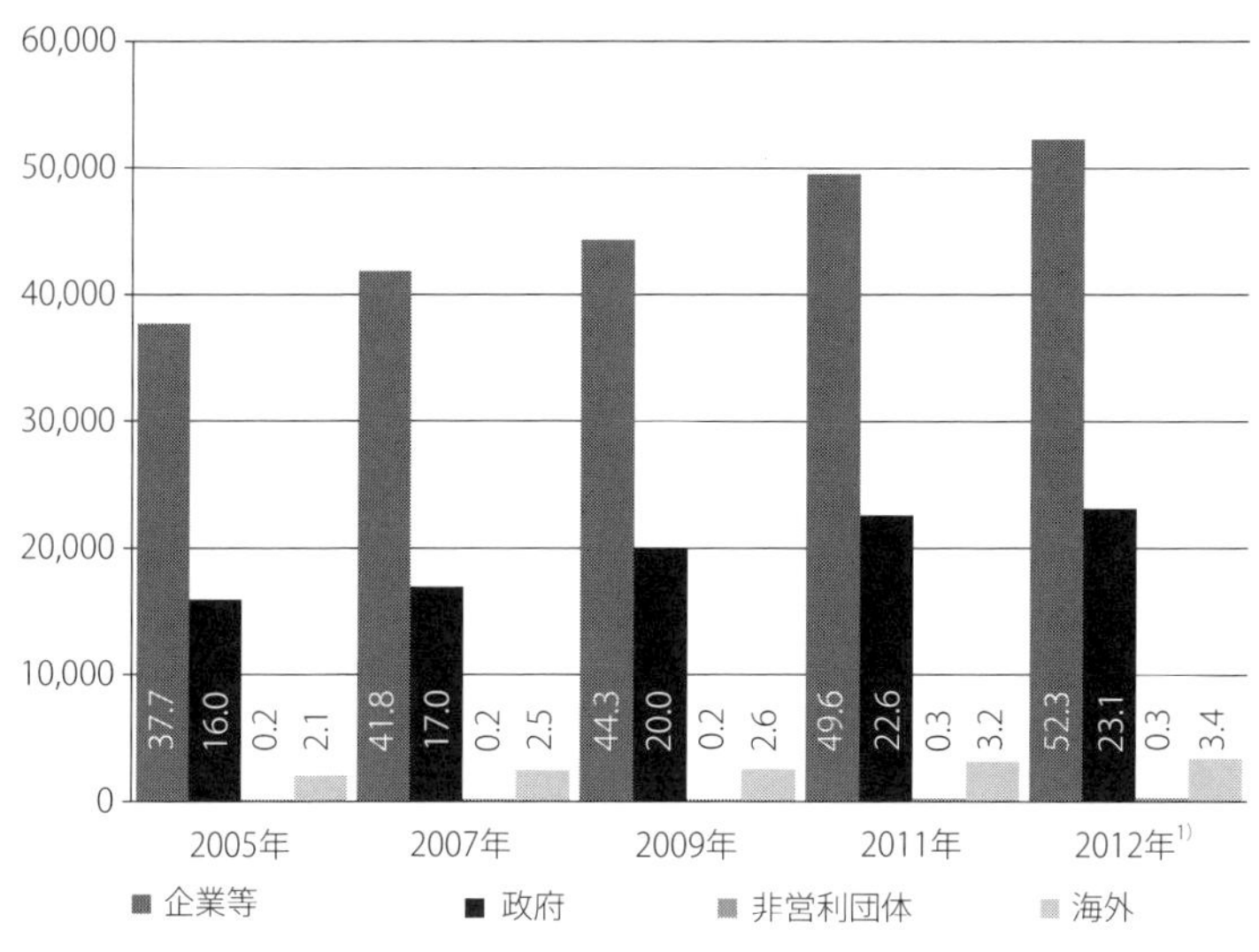

組織別研究費負担割合

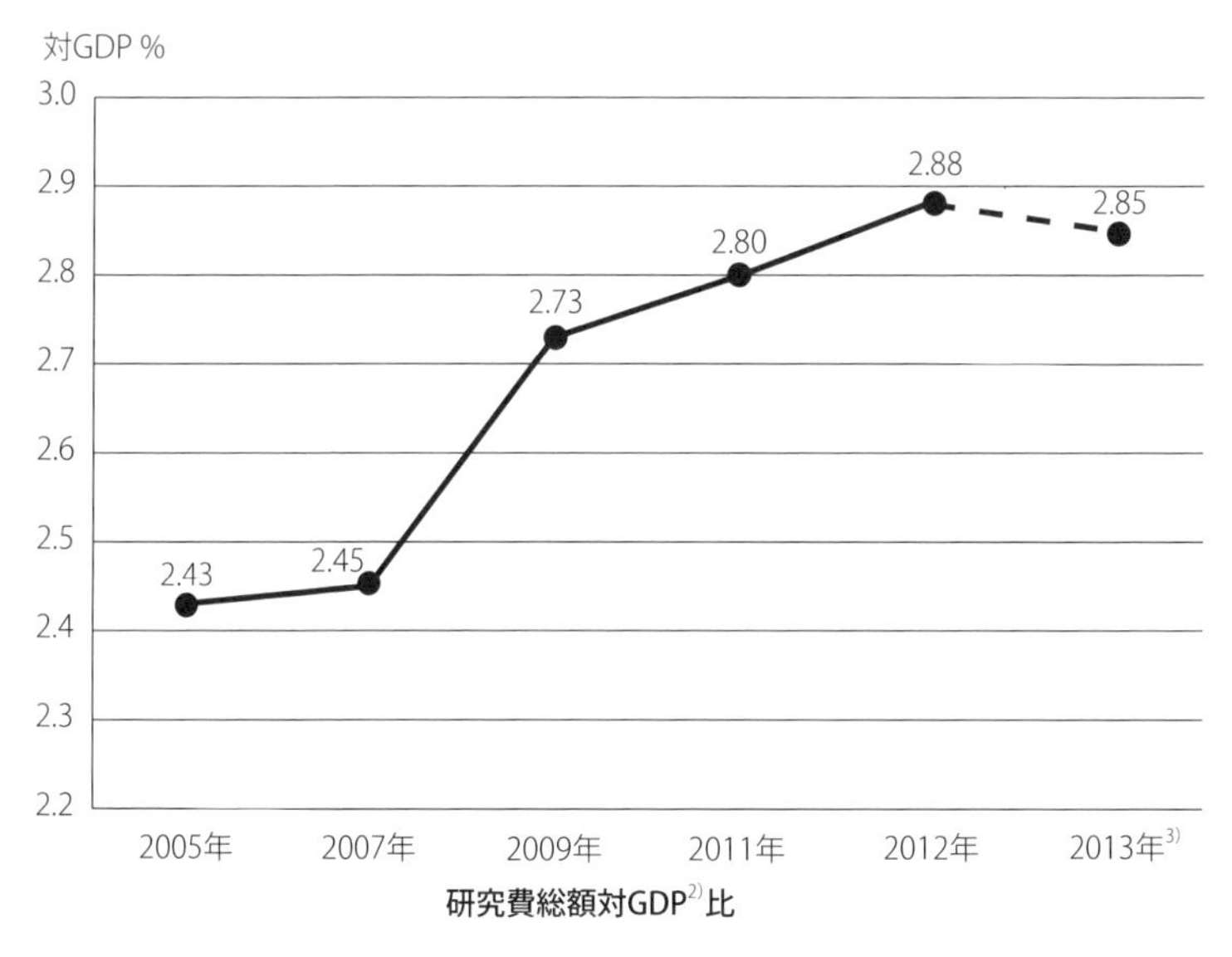

研究費総額対GDP[2)]比

Explanation of abbreviations/symbols: GDP = gross domestic product.
1) Figures estimated.
2) Revision February 2015.
3) Provisional figures. Source: Bundesbericht Forschung und Innovation 2014, table 1 / figure 1 and 2 (updated);
Data: Stifterverband Wissenschaftsstatistik; Federal Statistical Office; Federal Ministry of Education and Research
BMBF's Data Portal: Figure link: www.datenportal.bmbf.de/fig-4
Additional data: www.datenportal.bmbf.de/en/1.1.1

出典：Education and Research in Figures 2015

図 2.5　ドイツの研究開発投資の動き（産業、政府、民間非営利、外国から）と対 GDP 比

首相を集めてドレスデンで教育サミットを行い、ドレスデン宣言（クオリフィケーション・イニシアティブ）をまとめているが、その中では2015年までの投資目標として、研究に対GDP比3％、教育に7％という数字を共通の目標として打ち出している。統計の取り方にもよるが、現在この数字は9・0％程度に達しているので、ドイツ政府内にはさらに上の目標として、研究に対GDP比3・5％、教育に8％を投資しようという考えもある。

実際に2013年の連邦議会選挙が行われた際に、与党をはじめほとんどの政党が研究開発費の3・5％への増額を公約として掲げ、選挙後の連立協定の交渉においても最後までこの数字が示されていたが、最終的に発表された連立協定には記載されていなかった。この裏には、緊縮財政を主張する与党の実力者で、メルケル首相の後見人といわれるショイブレ連邦財務大臣の意向があるのではないかとの説がささやかれている。しかしながら、この3・5％目標は死んだわけではなく、そのうち生き返ると考える有力者もいて、今後の展開が楽しみである。

第3期メルケル政権の「新ハイテク戦略」

現在のハイテク戦略は、2013年の総選挙を受けて発足した第3期メルケル政権の策定したもので、「新ハイテク戦略」と銘打ち、2014年9月に公表された。「はじめに」の部分において、主たる目的は「引き続き世界のイノベーションリーダーとしての地位を確保すること。そのためにもアイデアをいち早く製品として市場化しなければならない。これからも輸出大国として、グローバルな課題を解決する主役としてイノベーションを興していく。ハイテク戦略の更新にあたり、科学技術のイノベーションに限らず、ソーシャルイノベーションを目指しながら、新たなテーマとツールを追加し、省庁横断的にイノベーション環境の創成に取り組む」としている。

この戦略は、それまでの2期にわたるメルケル政権のハイテク戦略が肯定的に評価されていることから、大きな変化はないが、産学公連携の強化にあたり中小企業の積極的支援が打ち出されている。また、市民の声を政策に反映させることに挑戦しようとしている。具体的には、連立政権の合意文書（2013年）に基づき、次の5つの柱を中核的要素として設定している。

① 新しい価値の創造と生活の質の向上を目指した「未来挑戦課題」の設定
② 国の内外のイノベーションネットワークの構築と知識移転の推進
③ 産業界におけるイノベーションの強化
④ 創造性を発揮するためのイノベーション環境の整備
⑤ 今後、中心的役割を担う市民社会の確立に寄与するための透明性の強化、市民の参画、社会イノベーションの推進

6つの未来挑戦課題を設定

新ハイテク戦略では、5つの柱のうちの第一の柱となる、イノベーションにつながる可能性が高く、新しい価値の創造と生活の質の向上をもたらす分野、また、生活の質の向上にもつながる地球的課題の解決に寄与する分野として、次の6つの課題を最優先の未来への挑戦的課題として設定している。[14]

① デジタル化へ対応する経済と社会
② エネルギー、資源を持続可能にする社会
③ イノベーションを生み出す労働
④ 健康に生きる暮らし
⑤ 賢い移動

14 ハイテク戦略2020における5つのグローバル課題を精査し、かつ、「イノベーションを生み出す労働」を追加。

⑥　市民の安全の確保

日本の第４期科学技術基本計画（２０１１〜２０１５年）では、グリーンイノベーション（②に相当）、ライフイノベーション（④に相当）が主役であるが、それらをおさえてデジタル化への対応がトップにきているところが、新ハイテク戦略の特徴ともいえる（図２・４）。

「デジタル化への対応」の狙い

そこでトップの政策課題として打ち上げられている「デジタル化への対応」を少し詳しくみてみたい。項目としては次の８つがあがっている。

①　インダストリー４・０　スマートファクトリー研究
②　ＩＴインフラ整備によるスマートサービス
③　中小企業のビッグデータ利用促進
④　安全性の高いクラウドコンピューティング
⑤　デジタルネットワーク
⑥　デジタル化で変わるサイエンス
⑦　デジタル化で変わる教育
⑧　デジタル化で変わる生活

これはドイツに限らないことであるが、現在の世界各国の科学技術・情報通信関係者の関心は、コンピュータとソフトウェア・ネットワーク技術の飛躍的発展を受け、我々人類がこれからどのような世界に直面するのか、そこでどのような世界を作っていかなければならないのかという点に向いている。

インダストリー4・0は突然に始まったわけではない

デジタル化への対応でまず初めに出てくるのが、いま、ちまたを騒がせているインダストリー4・0である。これについては別途詳しく紹介するが、ここではインダストリー4・0がハイテク戦略でどのような経緯をたどって登場したかにだけふれてみたい。

インダストリー4・0は、第2期のハイテク戦略である、2011年に発表された「ハイテク戦略2020」のアクションプランにおける未来プロジェクトの一つとして、2012年に登場している。しかし、ドイツ政府は世界の、特に米国の情報通信技術の進展を注意深くフォローしており、米国の国立科学財団が2006年にサイバー・フィジカル・システム（CPS）への支援プログラムを始める1年前の2005年には、連邦経済技術省（当時）が「モノのインターネット」という支援プログラムを、英語の名称をつけたままでスタートしている。このプログラムはその後、一貫して継続していて、2017年まで続く予定である。一方、連邦教育研究省も、2006年には「製造業のための可変型物流システム」というプログラムを始めている。インダストリー4・0はこれらの事業の成果をふまえつつ姿を現したものであって、内容をみると突然に始まった事業ではないことは重要なポイントである（図2・6、図2・7）。

10の未来プロジェクトは継続して推進

なお、ハイテク戦略2020のアクションプランとしてスタートした、インダストリー4・0を含む10の未来プロジェクトは、新ハイテク戦略においても戦略の実現手段の最重要なものとして位置づけられ、継続して推進されている。

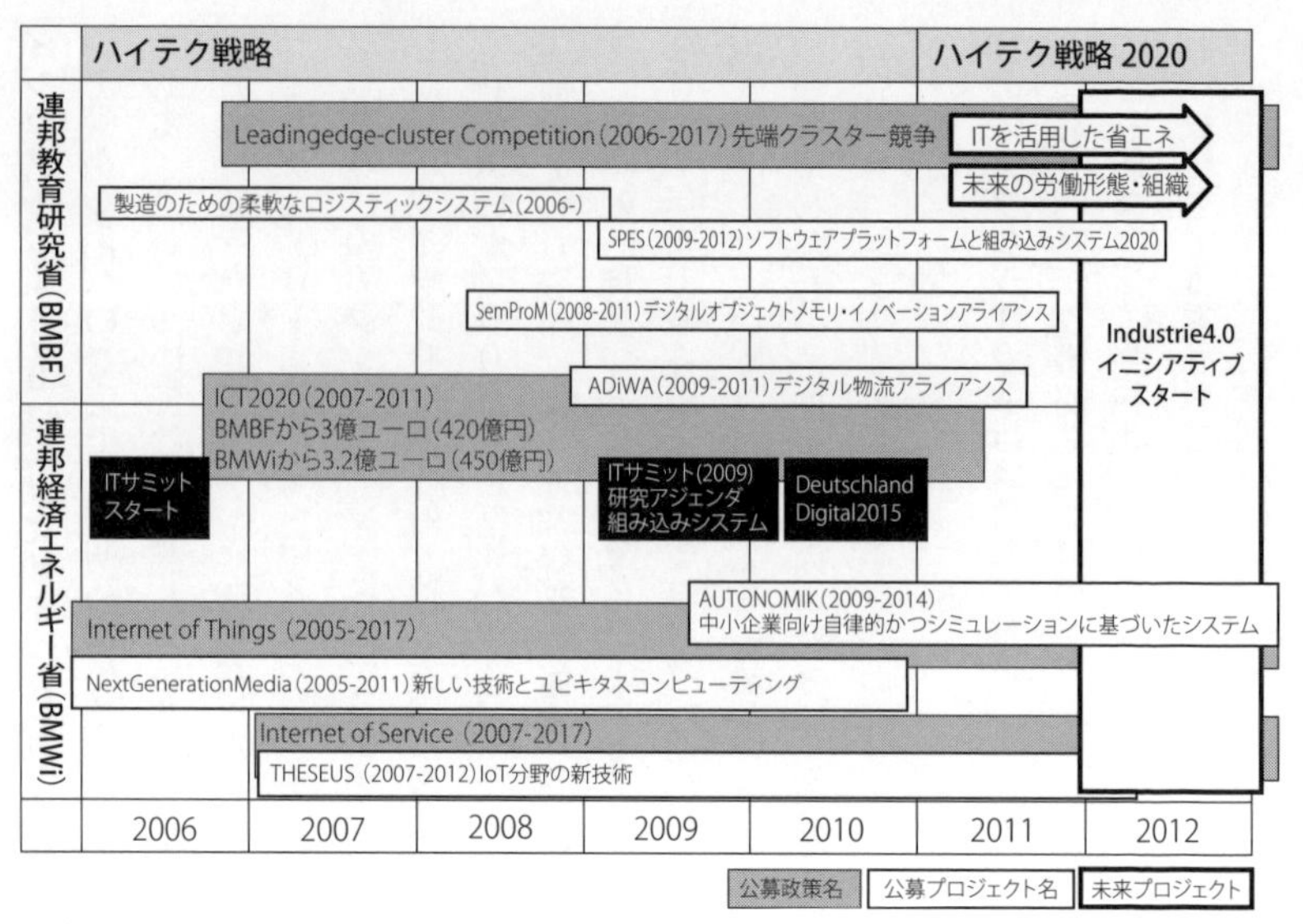

作成：科学技術振興機構（JST）研究開発戦略センター

図 2.6　インダストリー 4.0 に関する代表的な政府の取組み（これまで）

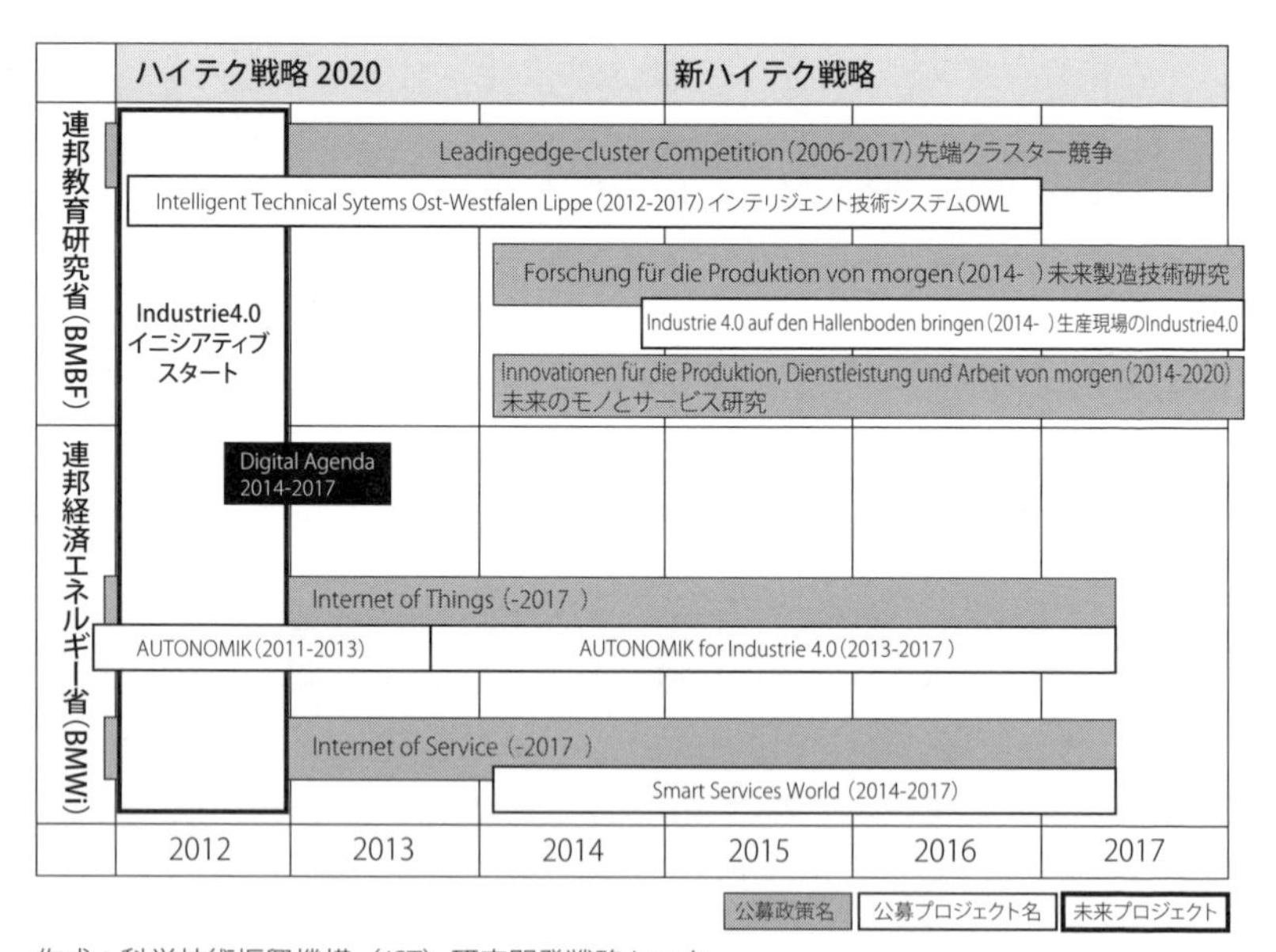

作成：科学技術振興機構（JST）研究開発戦略センター

図 2.7　インダストリー 4.0 に関する代表的な政府の取組み（今後）

簡単に変わる連邦政府省庁の業務範囲

横道にそれるが、ドイツでは省庁の設置は法律で決められているわけではなく、閣議で決定すれば、すぐに省庁の所管変更が起こる。この点は慣習法（コモンロー）の英国と同じである。したがってドイツでの省庁再編は、現実の行政需要によることばかりではなく、有力な政治家がある省の大臣に就任したといった場合にも起こりうる。世の中、経済が大事であることはどの国でも同じとみえ、ドイツでも連邦経済省には有力な政治家が就任することが多い。実際、1998年末には、中小企業やベンチャー企業の研究開発助成、原子力関連業務、マルチメディア・情報通信関連技術、宇宙・航空技術など、いわば産業技術政策の一部が連邦教育研究省から連邦経済省に移行し、同省の名前もそれまでの連邦経済省から連邦経済技術省となった。現在の経済担当のガブリエル大臣も、連立政権の一翼をになうSPDの党首であり、極めて有力な政治家である。数年前であるが、連邦環境省から規制を除いたエネルギー関係の研究開発業務を移管し、そこで同省の名称も連邦経済・エネルギー省に変更された。技術については名称からはなくなったが、所管分野が変わったわけではない。

実は以前、情報関係の技術が連邦経済省に移管された際に、私はすべての情報関係の仕事が経済省に移ったものと思い込んでいた。しかし最近、インダストリー4・0を調査する過程で、実はそれは勘違いであり、移管されたのは情報通信の市場に近い活動、いわば技術開発の分野であって、基礎研究については今でも教育研究省が担当していることがわかった。そこで両省の担当に聞いてみると、もちろん、閣議決定のようなものには何か書いてあるのであろうが、その返事がなかなか面白かった。

情報通信技術を両省はどう分担しているのか

経済・エネルギー省の担当者に聞いたときの返事は、ビッグデータは教育研究省、スマートデータは経済・エネルギー省の担当というものであった。何か気分的にはわかるような気がするところが面白い。次に連邦教育研究省で同じことを聞いたところ、Diesnt（サービス）は経済・エネルギー省、Dienstleistung（サービス）は教育研究省の担当という返事があった。これらのドイツ語の言葉は日本語に訳せばどちらも「サービス」である。そもそもドイツにサービスがあるのかともいいたくなるが、それは別として、よく聞いてみると、最初のDienstは「技術をバックとしたサービス」であり、後者は「人間の労働に重点をおいたサービス」との説明であった。初めに聞いたときには、技術をバックとした方が研究開発を担当する教育研究省で、労働を含む方が経済省かと思ったが、そうではないということだった。もう一度考えてみると、技術をバックにしたサービスは市場への展開が課題であるので経済省の仕事であり、人間の労働環境の改善は従来から教育研究省の扱う研究の範囲に入るという解釈のようである。日本だと省庁設置法令に基づき淡々と所掌範囲の違いを説明しそうなところであるが、各人が解釈して説明してくれるところに何か自由さを感じる。

このように微妙に関係している両省であるが、日本のように縦割り構造を強く意識した権限争議はあるのだろうか。組織構造がある以上、そういうことは起こりえる。例えば、第3期メルケル政権発足後に新しいハイテク戦略の準備状況を連邦教育研究省で聞いたところ、経済・エネルギー省から名前を変えて「イノベーション振興」という名称にしたいという話などがあり、調整に時間がかかっている、場合によっては本当に名称が変わるかもしれないというような話をしていたが、最終的には従来の名前で落ち着いていた。このようにみてみると、ドイツでは事務部門の権限争議というより、政治的パワーのある人物が大臣になった場合に変化が起きている。一般的な業務についていえば、どちらかというと、重複があっても誰もやらないでギャップが生じるよりはよいと考えているようにみうけられる。

労働者と科学技術・研究政策

連邦教育研究省の政策テーマの中には、必ずといっていいほど労働にかかわるものがあるが、ドイツでは、日本と比べると労働側が政治、経済に与える影響が大きい。これは共同決定法という法律があり、監査役会における労働側の比率を、従業員2000人以上の企業では2分の1、従業員500～2000人の企業では3分の1とするシステムが確立していることによるものと思われる。監査役会は取締役の選任を承認する権限などを有している。私が西ドイツ大使館に赴任していた約30年前においても「労働環境の人間化」というテーマが連邦研究技術省（当時）の主要な研究開発テーマの一つであったことを思い出す。その流れが今でも続いている。ハノーバーで開かれる産業見本市においても、人間とロボットの共生、人間の作業の付加価値を高めるための製造装置などが一つの重要なテーマとなっている。

2-4 ハイテク戦略の評価

国家の基本戦略に対する日本の評価とドイツの評価

ドイツのハイテク戦略で興味深い点は、その評価にある。日本の科学技術基本計画の評価では、基本計画の終わる2年前に次期の基本計画を策定する前提として、まず、それまでの基本計画に基づく活動のレビューを行う。したがって、レビューは5年ごとに行われ、第4期科学技術基本計画の際は文部科学省の科学技術政策研究所、今回の第5期基本計画の策定の際は三菱総合研究所が中心となって行った。このレビューはマクロ的な統計による国際比較から始まって、人材政策や、産学官連携施策の実施状況など、かなり広範にわたっている。レビューには提言的な要素はなく、あくまでエビデンスの収集という性格のものである。

ドイツは連邦議会の議決により設置

これに対してドイツのハイテク戦略における評価は実にユニークである。連邦政府は、ハイテク戦略のスタートと同時に「研究イノベーション専門家委員会」（ＥＦＩ）[15]と称する諮問委員会を、連邦議会の議決により設置した。一般の諮問委員会より一段高いところで活動し、関係各省への資料提出の依頼なども行いやすくしている。

ＥＦＩは主として大学や研究機関の政策研究の専門家からなる委員会である。日本の場合の内閣府からの5年に1度の委託によるレビュー調査とは違い、ＥＦＩは独立した事務局と一定の予算を持ち、毎年、自らのイニシアティブに基づき、独自に10本程度の調査活動をシンクタンクに委託して行う。調査結果は公開されている。このような独自の情報に基づき、ＥＦＩは毎年、科学技術をめぐる世界や国内の情勢変化を注視しつつ、特に評価に注力すべき分野を決め、評価活動を行う。ＥＦＩは自ら外国にも行って調査を行うが、２０１５年９月には日本と韓国の調査に来ている（図２・８）。

専門家委員会報告書の構成

ＥＦＩ報告書の構成もなかなか面白い。いくつかの事項に関わる評価が並んでいるのは当然だが、それ以上に重きを置かれているのが、新たな状況に応じた政府の取るべき政策などについての項目である。例えば、「クラウドコンピューティングの時代にとるべき政策」などだ。このようにＥＦＩは、自ら選んだテーマについての評価と提言にとどまらず、これまでになかった新しい潮流をとらえ、それに

15　EFI, Expertenkommission Forschung und Innovation.

図 2.8　EFI（研究イノベーション専門家委員会）
Schnitzer 副委員長、Harhoff 委員長、Backes-Gellner 委員、著者、Ott 委員

対して政府としてどのような取組みをすべきかを提言している。

メルケル首相に手交し、議会で審議

評価の終了後は、評価結果を担当の連邦教育研究省にではなくメルケル首相に直接手渡すとともに、その内容については連邦議会で正式な議題として議論する。その後、連邦政府は各省共同で評価書に対する回答書を作成し、連邦議会に対して提出するという、手の込んだシステムを入れ込んでいる。なお、評価報告書をメルケル首相に直接手渡すというイベントは、当初、特に想定していなかったが、最初の評価報告書の提出の際にメルケル首相が現れたので、その後、習慣となっているとのことである。報告書の手交はウェブに動画も載っているが、メルケル首相がよどみなく話している姿には、研究開発に対する愛着が感じられる。

ＥＦＩは評価内容にかなり自信を持っている。委員長であるマックス・プランク協会イノベーション・競争研究所のハルホフ所長[16]によれば、電気自動車の研究開発をテーマとした際には、電気化学部門を切り捨てたドイツの大学を批判するとともに、研究開発支援対象として燃料電池を軽視している旨の評価をしたところ、産業界から批判を浴びたが、評価結果を変えることはなかったとのことである。このように、評価結果をめぐっていろいろな議論が行われている。

16 Prof. Dieter Harhoff.

下院総選挙にあたり13の提言、その成果は？

また、２０１３年２月に出したＥＦＩ評価書には、同年の秋の連邦議会選挙に向けて13の提言を行っている。この選挙ではそれ以前の与党と野党がいわゆる大連立を組んで、第3次メルケル政権が誕生したが、総選挙後１年半以上を経過した２０１５年６月の段階でこれらの提言がどうなったかをハルホフ委員長に聞いてみたところ、次のようなことであった。

- 大学における研究について、これまで連邦政府はエクセレンス・イニシアティブのような期限つきのプロジェクトにしか財政的支援ができなかったが、そのような制約を取り除き、基盤的運営経費をも支援すべき点については、憲法第91b条の改正が実現した。これは非常に喜ばしい。
- 2015年までとなっている、マックス・プランク協会などの公的研究機関やファンディング機関であるドイツ研究振興協会に対する機関助成を毎年増額することを目的とする連邦・州間の「研究・イノベーション協約」は、2020年までの延長が決まった。これまでの毎年5%増から3%増に減らされはしたものの、延長されたことには大きな意味がある。
- 民間企業に対する研究開発費の税制面での支援は、残念ながら見送られてしまった。税制上の支援は特に中小企業に対しては有効であり、プロジェクトへの支援と両立する支援策である。
- ベンチャー・キャピタルの振興策も提言した。これは長いこと実現しなかったが、ついに新しい法律が2015年に制定される見込みである。ここにきて、デジタル化の進むこれからの社会においては、スタートアップのしやすい環境整備が必須であるとの認識が急速に広まってきたためといえる。
- 投資目標について連邦政府は、2015年までに国全体の研究開発投資の対GDP比3%、教育投資の対GDP比7%の実現を目指しているが、ドイツが2020年に向けて世界のイノベーションのリーダーとなるためには、さらに野心的な目標である研究開発投資の対GDP比3.5%、教育投資の8%という目標を設定すべきであるとした。達成するにはかなりの努力が必要だが、イノベーションでの先進諸国との比較を考えると、推進しなければならない。このことはEFIの2015年報告書においても、2020年までの中期的な目標として3.5%を目指すべきであると再度、提言した。これを受けメルケル首相は、「中期目標」という表現にほっとした、と語っている。確かにすぐには難しい目標だが、近いうちに実現できるだろうと考えている。

・マックス・プランク協会の研究所などの大学外研究機関に対する会計検査や人事管理の簡素化を目的として施行された科学自由法[17]の大学への適用拡大は、州政府の反対により実現していない。

・ドイツの研究活動で重要な役割を担う大学外研究機関については、全体がどう動いているのかというシステム的な観点からの評価をすること、また、現在、研究機関ごとに異なる連邦と州の負担比率を統一的に70：30とすることも提案しているが、これも実現はまだである。

・大学制度ならびに産学公連携や技術移転に関わる施策は、今後も改善が必要だ。国際的に認知され、海外の優秀な学生が集まる環境、さらには流出した頭脳が還流する環境を作っていかなければならない。テニュアを増やすのもその一つ。ただ、これらの改善、改革を行うべきことは既に政治レベルでは承認されており、あとは財源問題が解決すれば動き出すだろう。

それではドイツには、ハイテク戦略全体についての評価書があるかといえば、それは存在しない。日本では、新たな5年間の科学技術基本計画を策定する1～2年前に、それまでの関連事業の全体評価を行っているが、現実にはあまりに広範囲で、十分な評価を実施することは不可能である。

ドイツの場合は、それを見越してかどうかはわからないが、毎年、テーマを絞ってその分野について評価するとともに、評価者側が自らのイニシアティブで調査し、新たなアイデアを政府に対してインプットしている。これは、いかにも着実なドイツ方式といえるかもしれない。マイヤー・クラーマー連邦教育研究省事務次官が退任後、自分の在任中の仕事の中で最もよかったことの一つがこのＥＦＩの設置であると述べていたことも印象に残る。

17　正式名称、大学外科学研究機関についての予算法による制約の柔軟化に関する法律、２０１２年連邦法。第2部12参照。

3 大学・研究システムをゆさぶる動き

これまでに述べてきたような大きな動きがある中、ドイツの研究システムにも顕著な変化が起きている。その目指すところは、①社会の課題への挑戦、②ドイツ特有の研究についての2つのシステムの存在、すなわち、高等教育機関における研究活動と、ヘルムホルツ協会、マックス・プランク協会、フラウンホーファー協会、ライプニッツ協会という大学外の研究活動の相乗的効果をいかにして作るかの2つに絞られるだろう。

3-1 大規模研究機関へのゆさぶり

ヘルムホルツ協会の設立

社会の課題への挑戦の事例としては、2001年に行われたヘルムホルツ協会の設立があげられる。ヘルムホルツ協会は、日本でいえば日本原子力研究機構、宇宙開発研究機構、国立がんセンター、高エネルギー研究機構のような大規模な研究機関の集合体であり、もともとは各々が独立した大規模な研究機関で、予算もそれぞれの機関が連邦教育研究省の担当課と交渉して決めていた。しかし、1990年代のドイツ経済の停滞期を通じて、年々、予算が減少する事態となり、同時に国民からもその存在意義を問われるような状況となった。

そこで出てきた革新的なアイデアが、これらの大きな研究機関全体を統括する本部機構としてヘルムホルツ協会を設け、全研究機関の予算を協会が設定する社会課題に対応して位置づけるというものであった。すなわち、ヘルムホルツ協会の本部では、エネルギー、環境、健康、キーテクノロジー、材料構造、航空・宇宙・交通の6つの社会的課題を設け、全研究機関の予算をこれらの課題に則して本部で調整してとりまとめ、一括して連邦教育研究省の担当部局に要求する形を取り入れた。この結果、それまではそれぞれの巨大な研究機関が何をしているのかわかりにくかったが、社会的課題との関係ではっきりみえるようになった。また、ドイツにおける「ヘルムホルツ」[1]というよい名前の響きともあいまって、ヘルムホルツ協会の成立後はこれら大規模機関の予算も順調に増額し、自他ともにネーミングによるブランド戦略の重要性を認める事例となった。

1　19世紀半ばのドイツ科学を代表する物理学者、生理学者。

3-2　大学へのゆさぶり（エクセレンス・イニシアティブ）

エリート大学構想の挫折

ドイツにおける大学の強化策は、シュレーダー政権の時から議論が始まっている。ドイツの教育に対する主権は州にあるので、高等教育機関である大学も州の教育予算でまかなわれている。州が運営する限りは、国際間の大学比較においてドイツの大学のランキングを上げようというインセンティブは出てこない。実際、『タイムズ』などの大学ランキングをみても、米国、英国、スイスなどの大学は載っているが、ドイツの大学はほとんどみることがない。そもそもドイツでは昔から、大学を選ぶというより、どのような専門を選ぶかが問題であって、選んだ専門に優れた大学教授のいる大学で学ぶというのが伝統であった。

そこで、連邦政府主導で世界のランキングに載るようなエリート大学を育てようという案が出てきた。２００４年には科学界と政策立案者の間で議論が始まっている。これに対しては、予想に違わず大きな反対があり、紆余曲折ののち、当初案にあったエリートという言葉は使われなくなり、シュレーダー政権の末期となる２００５年６月に連邦と州の合意により現在のような形の「エクセレンス・イニシアティブ」と称するプログラムが決定された。その目的は、ドイツにおける卓越した研究を強化することと、国際競争力を改善することにある。いわば我が国の「世界トップレベル研究拠点プログラム」（ＷＰＩ）とリーディング大学院の施策の合体したような政策である。

エクセレンス・イニシアティブの発足

エクセレンス・イニシアティブは３つのカテゴリーから成り立っている。第１が若い科学者を支援するための大学院教育の強化、第２がトップレベルの研究を推進するための卓越したクラスターの構築、第３が「大学における先端的研究をプロジェクトベースで構築するための大学全体としての未来構想への支援」（以下、未来構想支援事業）となっていて、第３のカテゴリーに最大の予算がつくが、第１と第２のカテゴリーで最低１つのプロジェクトを獲得することが、第３のカテゴリーの支援を受ける前提となっている。資金は連邦政府が75％、州政府が25％を支援することになり、選考はドイツ研究振興協会と科学審議会が共同で行うことになった。

第１期（２００５〜２０１２年）の予算は総計19億ユーロ（約２５００億円、年平均３・８億ユーロ、約５００億円）であり、これにより39大学院、37クラスター、９未来構想が支援を受けた。第２期

（2012～2017年）の予算は総計24億ユーロ（約3100億円、年平均4・8億ユーロ、約620億円）であり、45大学院（継続33、新規12）、43クラスター（継続31、新規12）、11未来構想（継続6、新規5）が支援を受けている。この資金の活用事例は次のとおりである。第1のカテゴリーの大学院教育の強化の場合、もともと新規の大学院コースを設定しようとしていたところにこのエクセレンス・イニシアティブの資金を投入して、奨学金の拡大、外国からの優秀な学生やスタッフの招聘に活用している。第2のカテゴリーであるクラスターの場合は、特定の先端的領域を決めて、他の高等教育機関やマックス・プランク協会研究所のような公的研究機関、さらには地域の企業などと共同して先端的な研究開発を行う。

第3のカテゴリーである未来構想支援事業の資金の場合は、特定の推進分野を決めるのではなく、競争的資金の形で全学的視野に立ち、優秀な学生への支援、また若手研究者のテニュアトラックとしての雇用と将来をみすえた研究への資金援助を実施していることが多い。現時点において、有給大学院生から教授まで含めると、4000人の雇用を産み出しているとされる。第2期の時点において、3つのカテゴリーをあわせて支援数の多い大学は、ミュンヘン大学、ミュンヘン工科大学、ベルリン・フンボルト大学、ベルリン自由大学となっている。

第1回選考結果の与えた驚愕

2005年に行われた第1回の選考においては、「エリート大学」という名称は消えたものの、ちまたでは大規模な支援の行われる第3のカテゴリーである未来構想支援事業にどの大学が選ばれるのか、興味津々という感じで結果発表が待たれていた。結果として、ミュンヘン大学、ミュンヘン工科大学、カールスルーエ工科大学という3つの南ドイツの大学しか選ばれなかったため、ドイツの大学関係者は騒然となった。それまでドイツの大学はどちらかというと平等意識が強かったことと、歴史的に州ごとのライバル意識の強い中でも、南ドイツはもともとは農業を主体とした地域だったからということもある。ただ、事前に報告を受けたメルケル首相は、意外に淡々と了解したといわれる。

ドイツ広しといえども、カールスルーエ工科大学を別にすると、同じミュンヘンから2校が選ばれたことも青天の霹靂であった。しかし、EUが２００７年からスタートし、いまや欧州で最も秀でた研究者に対する研究グラントとみなされている欧州研究会議（ERC）の２０１４年までの採択研究者の所在大学をみると、上位50機関のうち、マックス・プランク協会を除くとドイツの大学でリストアップされているのは、この２つの大学しかない。そういう意味でこの評価は正しかったのだと思われる。

しかし、この結果に対しては極めて強い反応があり、翌２００６年の選考では満を持して各地から応募があり、結果としてエリート校のカテゴリーに新たに6校が加わり、あわせて9校となった。第２期では、大学の入れ替えがあったものの支援される大学は11校となった。だいぶエリート色が薄れたわけである。アメリカやイギリスのように私立大学が世界のトップにランクされる国、フランスのような中央集権の国と比べると、地方分権、かつ公的資金で支援されているドイツの大学の中で跳びぬけたエリート大学を人為的に作り出すのは簡単ではないのかもしれない（図３・１）。

カールスルーエ工科大学の誕生は奇跡

さて最初に選ばれた3校の中でもカールスルーエ工科大学（ＫＩＴ）[2]が選ばれた経緯は特筆に値する。ＫＩＴはもともとあった大学ではなく、この選考が行われる直前に、以前からあったカールスルーエ大学と、我が国でも知られている、かつてドイツの原子力研究開発の中心機関であり、現在でも原子力の後処理の研究やエネルギー・環境関連研究を大規模に実施しているカールスルーエ研究所[3]が合併し

2 KIT, Karlsruher Institut für Technologie.

3 大規模研究機関の集まりであるヘルムホルツ協会の一員。

第１カテゴリー：大学院支援
第２カテゴリー：クラスター支援
第３カテゴリー：未来構想支援
第１カテゴリー（複数校での共同事業）
第２カテゴリー（複数校での共同事業）

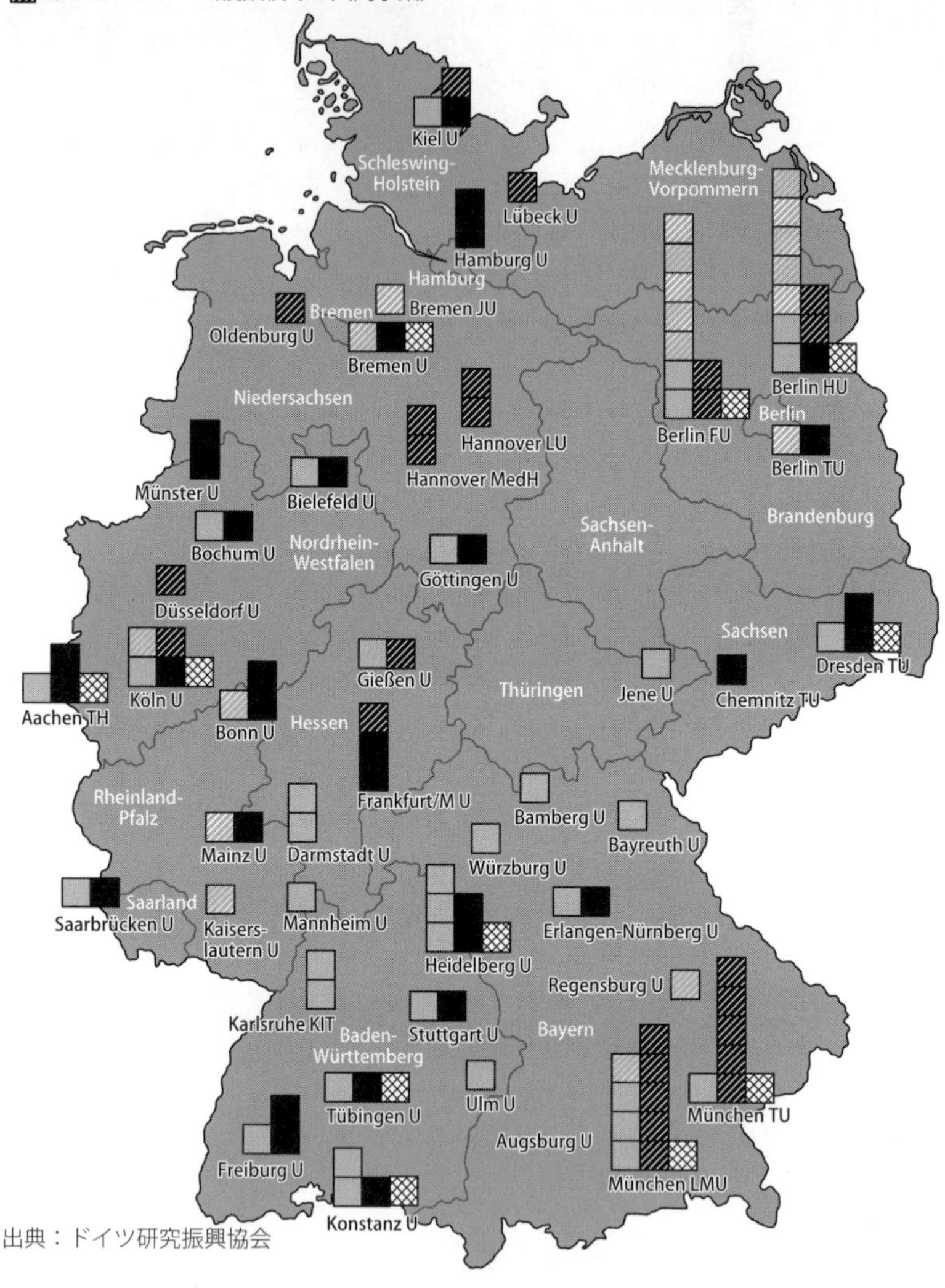

出典：ドイツ研究振興協会

図 3.1　第２期エクセレンス・イニシアティブ対象大学（2012 年 6 月決定）

てできた大学である。

ドイツではもともと研究開発は大学だけでなく大学以外の研究機関、例えば基礎研究ではマックス・プランク協会、応用研究ではフラウンホーファー協会、大規模プロジェクトはカールスルーエ原子力研究所やユーリッヒ原子力研究所が行うという形で、大学と大学外の研究組織が並立して発展してきた歴史があり、この2つの系統の活動をどう結びつけるかということが、連邦政府の現下の最大の課題といってもよい。連邦教育研究省の一つの局の名称は「科学システム局」となっているが、この局の目的は、まさにこれらの2つの研究システムによるシナジー効果をどう発揮させるかにおかれている。

ボトムアップで統合が実現

それでは、この2つの機関の統合によるKITの実現が連邦政府主導でなされたのかというと、そうではないところがいかにもドイツらしい。既に述べたように、高等教育は州政府の権限のもと、基本的に州の予算でまかなわれる。一方、ヘルムホルツ協会の一員であるカールスルーエ研究所は、連邦政府が90%、立地されている州[4]が10%だけ負担するという、国家の大規模プロジェクトを実施する機関である。両機関は予算の流れも、人事の仕組み、管理形態も全く異なる組織であり、設置権限の所在が憲法にまでさかのぼって異なる機関である。

ではこのような統合がどうして可能となったのであろうか。これはまさにボトムアップによる発想が実現したものである。統合前の、カールスルーエ大学のヒップラー学長とカールスルーエ研究所のポップ理事長が議論をしつつ親しくなった結果、エクセレンス・イニシアティブにおける最も重要な領域である未来構想支援事業のための資金の獲得を視野に入れて統合を約束し、実現したという経緯がある。そのためには州法の改正などかなり複雑な手続きの変更が必要となり、立地州であるバーデン・ヴュル

4 カールスルーエ市の位置するバーデン・ヴュルテンベルグ州。

テンベルク州は大きな努力をした。そのかいがあってか、ＫＩＴは、晴れてエクセレンス・イニシアティブの第1回の選考において、予算規模の最も大きな未来構想支援事業の対象に選ばれたドイツの3つの大学の1つとなった。

このようにしてＫＩＴの評価は高まったが、第1期（2006〜2011年）の期間である5年の次の第2期（2012〜2017年）の審査においては、意外なことに選定から漏れてしまった。未来構想支援事業の選定を受ける前提条件となる第2カテゴリーの研究クラスターにかかわるプロジェクトが採択されなかったため、その採択を前提とする未来構想支援事業に採択されなかったという単純な理由であったが、対外的には極めて意外な感じが残った。

その原因を探ってみると、どうやら連邦主体の組織と州法に基づく組織という2つの全く系統の異なる機関が合併したために、人事、財務、その他のマネジメントの統合に時間を要し、本来の研究に取り組む余裕に欠けていたという指摘もある。しかし、とりあえずはやむを得ないとしても、長期的にはドイツの研究機関の歩む道を示しているという考えも根強くある。

大学と大学外研究機関の協力を緊密にするシステムとは

ドイツにおける2つの大きな研究組織である、大学とマックス・プランク協会のような大学外研究機関との協力の促進は、連邦政府にとっては大きな課題である。協力の促進には3つのパターンが考えられる（図3・2）。

第1のケースは、ＫＩＴのような両者による完全統合である。第2のケースは、両方の組織は残しつつ、融合して協力すべきところだけ統合し、両者からそのための資金を得るというパターンである。実際の例としては、ベルリンにあるベルリン健康研究所（ＢＩＨ）[5]がある。ここはベルリンの複数の大学

5　BIH, Berlin Institute of Health と呼ぶことが多い。ドイツ語では BIG, Berliner Institut für Gesundheitsforschung.

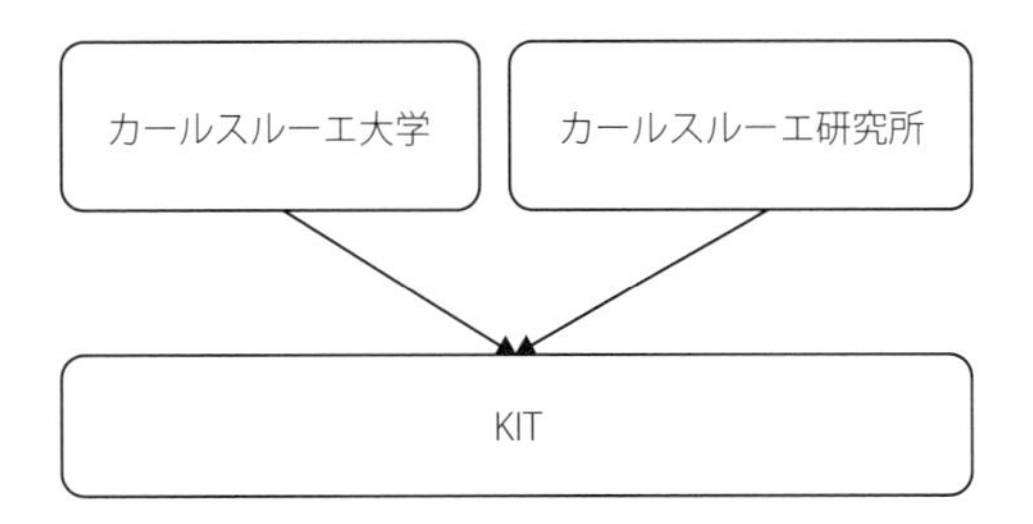

（1）KIT（カールスルーエ工科大学）はカールスルーエ大学とヘルムホルツ研究所が合併した機関

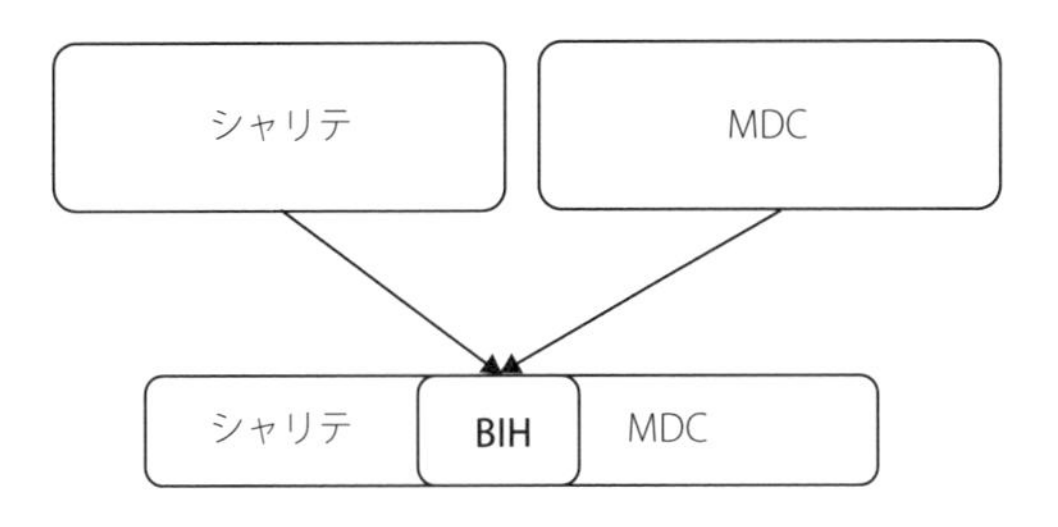

（2）BIH（ベルリン健康研究所）は、シャリテとMDC（マックス・デルブリュック・センター）が一部分（橋渡し研究）を統合し、両機関が資金を供与するとともに、それ以外の活動は従来どおり、2つの独立の機関として存在

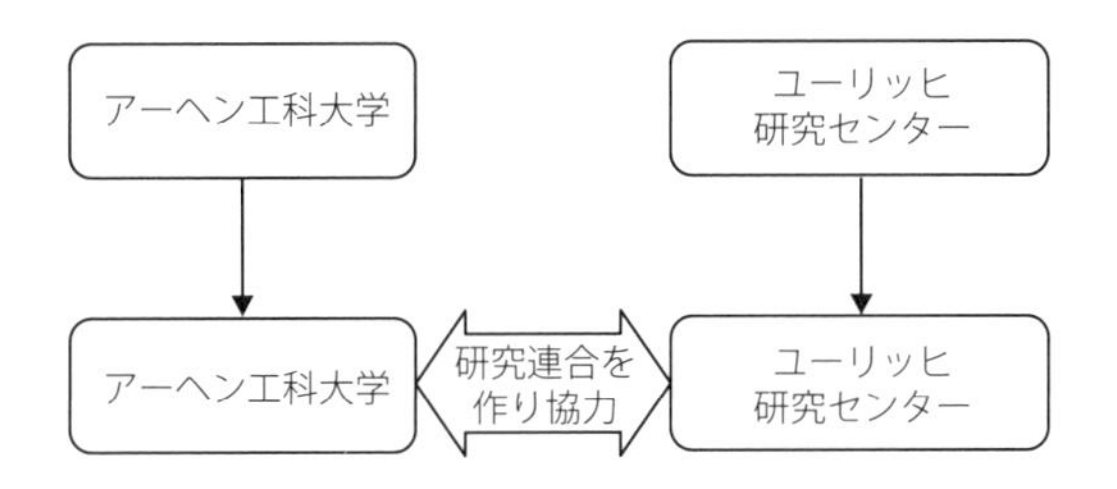

（3）もうひとつの統合形態はJARA（ユーリッヒ・アーヘン研究連合）

図 3.2　大規模研究所と大学の協力のパターン

の大学病院の集合体である巨大病院シャリテ[6]と、ヘルムホルツ協会の一員で分子医学に関する臨床研究をしているマックス・デルブリュック・センター（ＭＤＣ）[7]が資金を持ち寄り設立し、トランスレーショナル・リサーチ[8]を集中的に行い、創薬研究や個別医療の実現を図ろうというものである。ＢＩＨは２０１３年から始まったばかりの活動であり、今後の発展を注視していく必要がある。

第３のケースは、著名な工科系総合大学であるアーヘン工科大学と、大規模研究機関の中でも大きな、ヘルムホルツ協会の一員であるユーリッヒ研究センターの事例である。アーヘンはドイツ西部の、オランダとベルギーとの国境に近い、ドイツ史にも名を残す町[9]であり、ユーリッヒ研究センターはアーヘン市に近接して所在している。協力にあたっては、この場合は統合という形はとらず、共同でユーリッヒ・アーヘン研究連合[10]という組織を作り、この組織の中で必要の生じた分野において協力体制を組むという方式で対処している。このように３つの異なった形態はあるものの、日本よりも大学と公的研究機関の協力が確実に行われていることは事実である。

最大のカテゴリー「未来構想支援事業」での支援内容（ミュンヘン工科大学）

それではエクセレンス・イニシアティブの最大の眼目である第３のカテゴリー、未来構想支援事業では何が支援されているのであろうか。一番最初からこの事業に携わっているミュンヘン工科大学（ＴＵＭ）の事例でみてみたい。ドイツ語では「未来構想」の支援事業となっているが、英語ではどういうわけか「機関としての戦略」[11]となっていて、何やらわかりにくい。

実際にはどのような事業に支援が活用されているかというと、①大学のインフラ整備、②教授職の採用、③科学マネジメントに活用できる卒業者ネットワークの運営、④戦略的なヘッドハンティング、⑤広報の強化などである。第１のカテゴリーである大学院教育の強化や、第２のカテゴリーである卓越し

6 Charité.
7 MDC, Max Delbrück Center.
8 医学研究における橋渡し研究。
9 フランク王国の最盛期を作りあげたカール大帝が、事実上の首都とした町。
10 JARA, Jülich Aachen Research Alliance.
11 Institutional Strategy.

たクラスターの推進の場合、専門領域が限定され、しかもマネジメントに予算を使うことができないが、この第3のカテゴリーの未来構想支援事業では何の限定もされていない。すなわち英語の Institutional は全大学を意味し、特定の学部や学科に助成金を配分するというものではない。資金の使途としては、65〜70%の資金が人件費に使われている。

テニュアトラック制度の確立

人件費は、世界のトップレベル研究者のリクルートに使われている。それに加えてミュンヘン工科大学の場合、この未来構想支援事業の資金で、真のテニュアトラック制度を確立した。他のドイツの大学でもテニュアトラック制度があるといっているところもあるが、任期なしの職を得ることが約束されていないなど、本来の意味からは離れている場合が多い。しかしミュンヘン工科大学では２０２０年までに新たに１００のテニュアトラックポストを作ることを目標に設定し、２０１２年から今までに既に約50のポストを任命した。これには大学自身の資金も活用している。６年間の終了後に審査を受け、よい評価であればポストを得るという、本来のテニュアトラック制度の導入である。

教授へのキャリアパスの改革

ドイツの大学教員のポストの等級は、Ｗ１（アシスタントプロフェッサー）、Ｗ２（アソシエイト・プロフェッサー）、Ｗ３（正教授）となっている。通常はＷ１から始めてキャリアアップしていくが、今回のテニュアトラックでは、終了後アソシエイト・プロフェッサーとなり、審査を経て正教授になれる道が開けた。そもそもこれまでドイツではＷ２のポストから同じ大学でのＷ３ポストへのキャリアは不可能だったことを考えると、革命的な変化である。また、これまでドイツで教授になるために不可欠といわれていた大学教授資格取得制度[12]も必要条件ではなくなった。もし資格を取得していれば考慮はされるであろうが、最も重要な基準は外国での研究実績（2年以上）である。

このテニュアトラック制度で既に採用された50名のW２クラスのアソシエイト・プロフェッサーのうち、約40％が外国籍もしくは海外から戻ったドイツ国籍の研究者である。従来のW２と比べて外国籍の割合が多く、また女性研究者の割合も多い。今後、大学としては女性研究者の割合を25％まで増やすことを計画している。また、テニュアトラック・アカデミーを組織して、テニュアになるまでの基礎的な知識や情報収集の機会を提供するとともに、彼らの間のネットワーク作りに寄与している。なお、博士取得後からテニュアトラック応募までの時間的制限は設けていない。大切なのは能力であり、博士取得後すぐの応募であっても、海外での研究実績や競争的資金の獲得の実績などを証明すれば、採択される可能性がある。

社会的課題解決のためのセンターを設置

ミュンヘン工科大学では未来構想支援事業の資金を活用し、テニュアトラック制度の他にも、社会的課題の解決のために学部、学科横断的な研究が必要との認識から、「統合研究センター[13]」という名称のもとに次のような活動を行っている。

① テーマをエネルギーにフォーカスしたミュンヘン・スクール・オブ・エンジニアリング
② 自然科学分野の知識や技術をどうやって市民社会に還元するかを考える「社会における技術のためのミュンヘン・センター」。例えば心理学と建築学のように、人文社会系と自然科学系をつなげて都市計画の研究をする試み
③ クリエイティブな研究を行っているトップレベルの研究者に、授業などの負担を一時的に軽減

12 Habilitation.

13 Integrative Research Centers.

し、特定のテーマに取り組ませるミュンヘン工科大学高等研究所。研究テーマは指定せずに、研究者のイニシアティブに任せている。学外のフェローや産業界の研究者を任命することもできる。モットーは「ハイリスク、ハイリウォード」で、他の助成金を受けるには少し先鋭的すぎるテーマだが、トップレベルの研究者が自発的に創造力豊かな研究をすることを支援

ミュンヘン工科大学はこの未来構想支援事業を"The Entrepreneurial University"と名づけている。その意味するところを聞くと、確かに起業やスピンオフなどを積極的に支援しているが、ここでいうEntrepreneurialは、むしろビジネスマインドを持って大学運営にあたるとか、研究者のさまざまな試みを支援するということを意図している。

ミュンヘン大学の事例

ドイツ最大の大学であるミュンヘン大学（ＬＭＵ）でも、未来構想支援事業の資金を使って大学改革にまい進している。特にミュンヘン大学に属する研究者がボトムアップ的に研究費を申請することができる、「投資基金」[14]と名づけた基金を重視している。これは、現在うまくいっている集中投資が10年後も成果をあげられるかは誰にもわからないので、大学全体を対象としたシーズ型の分配プログラムが大事だと考えて行っている活動である。一方で、トップダウン型支援を行う戦略的助成も行っているので、いわば両にらみの施策を実施していることになる。

若手研究者支援では、ミュンヘン工科大学と同じく他の大学に先んじてテニュアトラックモデルを導入し、２００８年以降すべての教授の下の新規ポスト[15]をテニュアトラック（６年）で募集している。この発想はミュンヘン工科大学と同じである。ドイツではこれまでＷ２からＷ３に内部昇進できないのが一般的だったが、これでは優秀な若手研究者を育てても他の大学へ移らせてしまうだけなので大学運営

14　Investitionsfonds.

15　1年に30〜40程度のポスト。

上問題だということになり、内部昇進して教授になれるポストを作って、運用を始めている。

エクセレンス・イニシアティブに選ばれる前の自己改革

ミュンヘン大学がエクセレンス・イニシアティブに継続して選定され、エクセレンス大学として確固とした地位を築いたのには、エクセレンス・イニシアティブに先んじて自主的に大学改革を行ったことも大きい。2004年、当時のバイエルン州のシュトイバー首相の時代に、大学教授を増やす改革が行われた。このときミュンヘン大学は「ミュンヘン大学イノベーティブ」[16]により複数のビッグプロジェクトを実施するとともに、将来重要となると思われる学科の特定を行った。

これが「戦略と発展」と名づけた改革運動である。その第1段階では全学部に改革案を出させ、将来の目標やコンセプトを作らせることで問題点を洗い出し、改革の道筋をつけることに成功した。調査結果から、2004年当時在籍していた教授の30%が2011〜2016年の間に退職する年齢であることが明らかになったので、これだけ多くの教授が一気に退職するこの時期を改革のチャンスとした。具体的には、50―40―10プロセスという内部規定を作り、50%を従来の学部名・学科名による教授ポスト、40%を新しい学部名・学科名のポストで旧ポストから新ポストへ移る教授ポストとし、最後の10%の教授ポストを廃止した。エクセレンス・イニシアティブと連動してポストを流動化したのが、この40%の部分である。例えば、社会学と教育学を融合した新領域に新しい教授ポストを作ることになった際に、移動したポストに加え未来構想支援事業の枠組みで設けたリクルート基金を利用して、教授を増やすことに成功した。縮小された分野としては、中東研究所や考古学部などがある。

これらの改革が徐々に成果を上げ、エクセレンス・イニシアティブの第2回目の採択においても継続して採択されることで、一定の評価を受けたといえる。学外の第三者機関による評価プロセスも

16　LMU Innovativ.

2012年に一段落し、10年近く続いたミュンヘン大学改革プロセスはとりあえず成功したと、大学関係者は認識している。

第2部

ドイツの特徴的なシステムとは

4 研究活動主体

他国にみられない4つの大規模研究組織の存在

ドイツにおける研究開発活動は、どのような部門、組織が担っているのであろうか。活動に費やす金額と特色で分けてみると、図4・1のようになる。ドイツ全体の研究開発費は755億ユーロ（約10兆5000億円、2011年）であり、その中での最大の部門は産業界で約68％（日本は約70％）、次が大学で約18％（日本は約20％）を占めている。その次に、ドイツに特徴的なことであるが、4つの研究組織が続いており、ヘルムホルツ協会が4・7％、フラウンホーファー協会が2・4％、マックス・プランク協会が2・1％、ライプニッツ協会が1・6％となっている。それぞれの研究組織の特色や活動状況は、関係する部分で紹介していきたい。これらの研究組織以外は、政府の直轄研究所やアカデミーであり、その割合は小さい。

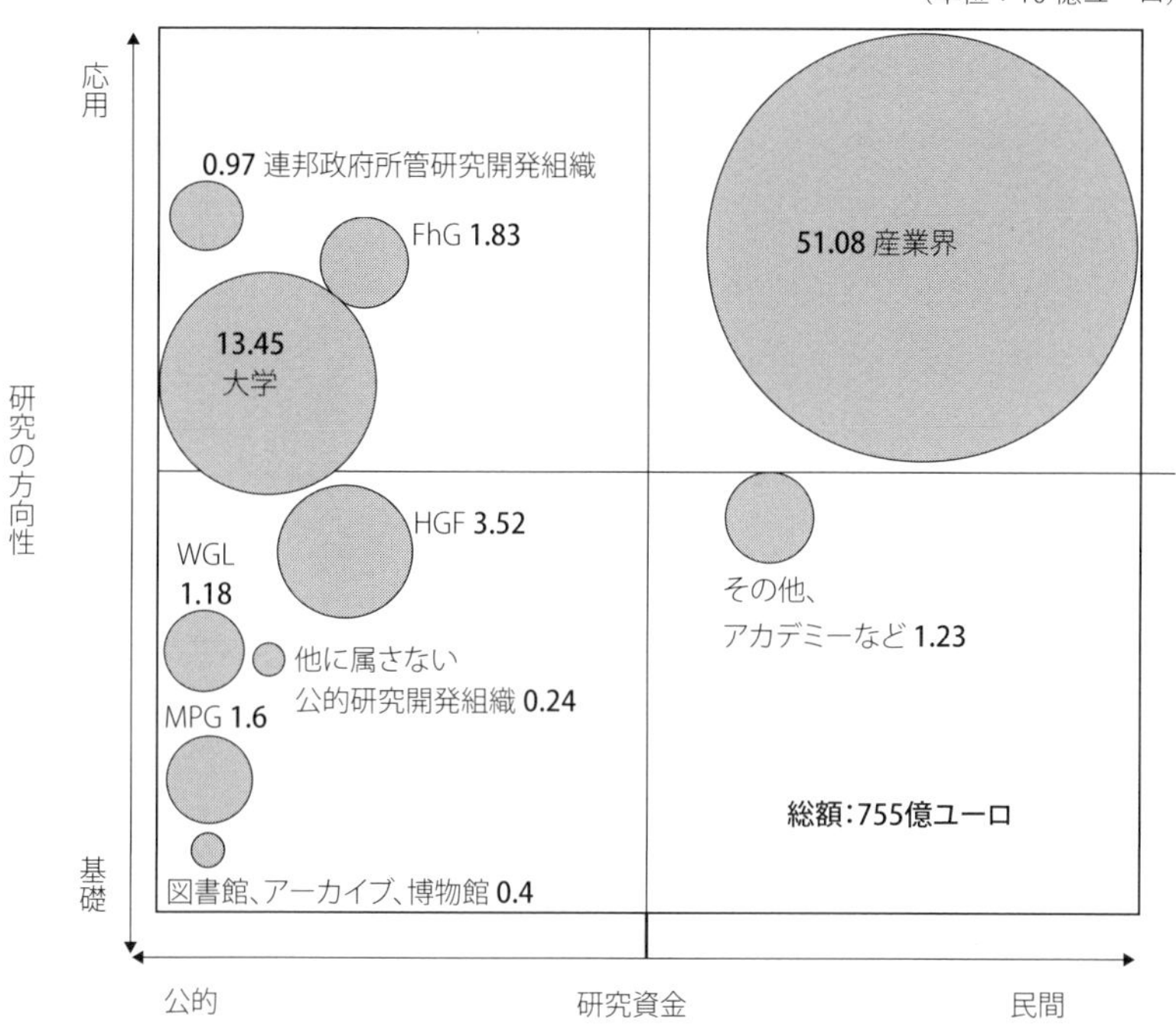

HGF：ヘルムホルツ協会
MPG：マックス・プランク協会
WGL：ライプニッツ協会
FhG：フラウンホーファー協会
出典：Bundesbericht Forschung und Innovation 2014, BMBF

図 4.1　各研究部門・機関の位置づけと予算額（2011 年）

5 連邦・州の連結機構

第1部で述べてきたことから明白なように、ドイツの重要な政策は、連邦政府と州政府の双方に関係する。連邦と州の関係は、ドイツの内政において絶えることのない課題でもある。教育・研究の分野において、このような連邦と州の複雑な関係を処理するための機構として、2つの組織が設けられている。

一つは科学審議会である[1]。科学審議会は行政機関（連邦と州）と科学界のコンセンサス作りの場であり、表面上は科学技術・研究政策の最高の審議機関とされているが、ここでの決定が覆されることはないので、案件によっては、いわば最高の意思決定機関でもある。例えば、東西ドイツの統合後に旧東ドイツ側に存在したそれぞれの研究機関をどのように扱うかについては[2]、この科学審議会の提言通りに決定されている。

もう一つは合同科学会議で[3]、この機関は連邦と州の担当大臣が定期的に行う会合であり、連邦と州の共同意思決定機関である。

1 WR, Wissenschaftsrat.

2 存続、合併、廃止、全部または一部をマックス・プランク協会、フラウンホーファー協会、ヘルムホルツ協会、あるいはライプニッツ協会の一員とするのかなど。

3 GWK, Gemeinsame Wissenschaftskonferez.

5-1 科学審議会

2つの連携の十字路に立つ機関

科学審議会は、その名称から想像するような中立的な審議機関ではなく、大きな意味での行政に属する審議・評価機関といえる。いわばドイツの過去と現在の政治システムを反映する、他国には類似機関のないユニークな機関である。1957年に連邦と州の協定に基づき共同で設立され、連邦と州が半々ずつ経費を負担している。活動としては、①政治と科学を結びつける役目、②科学政策において連邦と州を結ぶ役目、という2つの任務を担っている。例えば後者についていえば、大学の研究は州の権限に属しているが、税収は連邦にかたよっていることもあり、連邦は州と合意の上、大学の研究に資金を出している。

紆余曲折の発展

歴史的にみると、第二次世界大戦直後の西ドイツ創建時は州の方が役割が大きく、研究においても、連邦が関与し始めたのは原子力平和利用が案件として出てきた1950年代になってからである。また1950年代の後半から1960年代の前半にかけて高等教育の門戸を広げる必要性が唱えられ、新設大学の教育内容などを審議する科学審議会の役割が認められることになった。連邦と州の協力の必要性は徐々に大きくなり、1970年代の大学建設支援法につながっていったが、憲法上、連邦と州が共同して大学の施設を建設する場合には事前評価が必要ということになり、ここでも科学審議会の出番がでてきた。[4] 1960年代から1970年代の初めまではドイツの教育システムの再建期であったため、科学

4 同法は2006年の連邦と州の権限の整理に伴い廃止された。

審議会の存在意義は大きかった。１９８０年代には影が薄くなったが、ドイツ統一で旧東ドイツの研究機関を評価することになり、また、出番ができたといえる。

このような大きな金額の伴う事業に関する決定、ドイツ統一後に行った研究機関自体や研究機関の戦略の評価などの経験があったため、エクセレンス・イニシアティブにおける3つのカテゴリーのうち最大の未来構想支援事業の選考を担当するとともに、３つのカテゴリー全体の最終選考作業をドイツ研究振興協会と共同で担当することとなった。

科学審議会の意思決定機構には科学委員会と行政委員会があり、その上部組織として総会がある。科学委員会の委員は連邦大統領により任命される。任期は3年で、1回だけ再任可能である。審議の順は、まず科学委員会、次に行政委員会であり、両方の賛同を得ると、総会に上程される。総会議長は科学者から選ばれる。行政委員会では連邦政府と州政府が半数ずつの票を持つので、連邦政府が反対の案件は、全部の州が賛成しても総会に上程できない。また、総会では科学者側と行政側（連邦および州政府）が同数の票を持つので、科学者側だけでも提案を成立させることができない。科学審議会は大きな影響力を持つゆえに、意思決定プロセスは慎重に設計されているが、このような議論の場があること自体に意義がある。

ただし、エクセレンス・イニシアティブについての決定プロセスは、全く異なっている。３つのカテゴリーについての最終選考は科学審議会とドイツ研究振興協会が共同で行うが、選考委員はすべて科学者である。ここでの結果をさらに行政側（連邦および州政府）と共同で設置する委員会で正式に承認することになるが、この委員会での票数は行政側1に対して科学者側が1・5とされている。つまり、このプログラムには科学審議会がかかわるものの、科学者側の判断に価値がおかれているというわけである。第1回の選考で最も重要なカテゴリーである未来構想支援事業の対象が南ドイツの３大学、しかもそのうち2つがミュンヘンの大学と決まってしまったのも、このような政治、行政の影響を受けにくくする決定機構に負うところがありそうだ。

5-2 合同科学会議

設立の経緯

連邦制をとるドイツでは、第二次世界大戦後に連邦政府よりも先に州政府が組織された。州で教育を担当する大臣の集まる文化大臣会合[5]は当然、連邦政府における担当大臣のポストが作られる前より存在している。

憲法の制定にあたっては、連邦と州の権限の分配について議論がなされ、教育は州の主権とされた。科学研究に対する支援は連邦と州の立法権限の競合分野とされたが、基本的な考え方としては州の権限である。研究については、連邦政府側では内務省が担当となり、1950年代になって徐々に政府の施策に組み込まれていった。

問題は、このような枠組みがある程度決まった後で国全体の財政、税制システムが決まり、教育、研究に対して州政府単独の財政だけでは運用することができなくなってしまったことである。1950年代に連邦がマックス・プランク協会の支援に乗り出したことは、正確には憲法違反の状態にあったといわれている。

1969年に憲法改正があり、憲法第91b条が追加された。ここで初めて、憲法上、連邦と州の合意があれば特定のプログラムなどを共同で助成することが可能になった。そのためには、このような合意

5 Kultusministerkonferenz.

をする場、機関が必要となり、1975年に合同科学会議の前身である「教育計画・研究支援に関する連邦・州委員会」[6]が組織された。その後、2004年の憲法改正により、連邦政府の教育に対する関与が大幅に削られた際に、委員会の名称から教育計画が削除され、現在の合同科学会議という名称になった。

6　BLK, Bund Länder Kommission für Bildungsplanung und Forschungsförderung.

任務と決定プロセス

合同科学会議で議論されるのは、連邦と州の「合意」により「予算」の規模とその分担割合を決定することが必要な事項に限られる。研究イノベーション協定、エクセレンス・イニシアティブなどをはじめとして、研究と教育に関係する連邦と州の共通案件で財政が関与するものは、すべて合同科学会議で決定される。合同科学会議には教育や研究の担当大臣ばかりでなく、各州の財務大臣も参加している。決議を行うには、研究促進に関する議論では80％の賛成が必要で、大学制度改革などのテーマでは100％の合意がいる。このように、合意形成が大きな課題であり、合意のために慎重な議論がなされる。合同科学会議の連邦・州合意文書は非常にシンプルで、このレベルで決めるべき項目と決定後に行うべき作業のみが記述されている。すなわち、抽象的な希望やコンセプトを作ることはなく、決めるべきを決め、実施部隊が速やかに動けることが重要なタスクである。政策提言や評価などが求められる場合は、科学審議会が行うことになる

連邦大統領府に所属

このようなこともあり、合同科学会議の予算は連邦大統領府に計上されていて、事務総長のポストは連邦大統領府に属し、中立的な立場を維持することになっている。したがって、上司は連邦大統領であ

る。ただし審議内容についての報告先は、連邦教育研究大臣である。この中立性は、州政府が合同科学会議の枠組みに参加するための前提条件であった。ちなみに、科学審議会の事務総長も連邦大統領府の任命となっている。

このシステムを全体としてみると、ドイツ連邦共和国の首相は、教育にしろ研究にしろ、州の主権にかかわる仕事をする場合には、連邦政府内部だけにとどまらず全部の州と交渉し、これらを束ねて先導する必要があることがわかる。各州はもちろん主権についての意識が強い。実力者の多い州首相をまとめるメルケル首相の政治力は相当なものだと考えられる。

6 基礎研究の盟主、マックス・プランク科学振興協会

何といってもマックス・プランク協会。その設立の経緯は？

ドイツの強さというとまず思い浮かぶのは、マックス・プランク協会に代表される基礎研究の底力ではないだろうか。マックス・プランク協会は１９１０年に創設されたカイザー・ヴィルヘルム科学振興協会を母体としている。この協会は、もともと19世紀の有名なプロイセンの文化省行政官であったアルトホフが、ドイツの大学・研究改革などを進める中で、大学とは一線を画した基礎研究の実行部隊を産学公連携で作るべきだというアイデアを持っていたこと、また、カイザー・ヴィルヘルム科学振興協会の初代会長になったハルナック教授が、１９０２年に同様の考えをヴィルヘルム二世に提言していたものが実現したといわれている。

ハルナック原則

初代会長に就任したハルナック教授の名前は、人への投資を具現化する「ハルナック原則」としてマックス・プランク協会では今に至るも引き継がれている。ハルナック原則とは、「ある研究者に新たな研究所を任せる場合、所長（Direktor）となるその研究者のために研究所を設立し、彼が研究所を去る時には、その研究所は閉鎖する」というものである。現在、研究所の数は83を数え、しかも各研究所は規模が大きくなり、１つの研究所にディレクターが数人いるという状況になっている。したがって研

究所の閉鎖ということは現実にはないようだが、当該ディレクターの所掌分野については現在でも同じことがいえる。

産業界との密な関係

現在、マックス・プランク協会は基礎研究の殿堂のようにいわれているが、戦前のカイザー・ヴィルヘルム科学振興協会は産業界とのかかわりが強かった。これは当時、特に化学分野の基礎研究は応用・開発と直結していたため、カイザー・ヴィルヘルム科学振興協会の化学系研究所と企業の間に強い関係があったからである。

時代的にも、当時、化学産業と基礎研究の関係は緊密であった。19世紀の中ごろ、英国において化学の推進に活躍したホフマン[1]をプロイセン王国は手厚く迎え、1865年にベルリン大学に研究所を設立した。これに対抗するように、バイエルン王国も当時リービッヒ[2]を中心に化学研究のメッカであったミュンヘンに研究所を設置し、バイヤー[3]を招聘した。その後ドイツは化学の黄金期を迎えるが、この2つの研究所だけで400名の博士を生み出し、ドイツの化学産業に人材を送り込んだといわれている。この関係はその後も続き、ドイツ化学産業連盟の会長は常に博士号を持つ経営者である。ドイツの化学は20世紀に入ってもハーバー・ボッシュ法によるアンモニアの合成法を生みだし、肥料や火薬を自由に作れるようになるなど、目をみはる成果をあげている。

第二次世界大戦後の変革

さて、第二次世界大戦後、カイザー・ヴィルヘルム科学振興協会は、現在のマックス・プランク協会に改組された。このとき、基礎研究シフトが起こっている。その大きな要因は1945年に出された米

1　August Wilhelm von Hofmann. ドイツ化学協会初代会長。

2　Justus von Liebig. 植物の三要素説（窒素、リン酸、カリウム）の提唱者。

3　Adolf von Baeyer. インディゴの合成で知られる。

国のバネバー・ブッシュの報告書『科学―その果てしなきフロンティア』[4]であろう。ブッシュは第二次大戦前にマサチューセッツ工科大学の副学長を務め、戦時中はマンハッタン計画を主導した人物であるが、彼は『科学―その果てしなきフロンティア』において、国が基礎的な研究の支援に注力すれば、その後、応用研究、開発・商業化が行われる、すなわち、新たな知識を他国に頼る国は産業発展が遅れ、結果として世界の競争に負けてしまうという、後に、研究開発理論の世界を風靡した「リニア理論」を提唱した。この結果、米国では後に国立科学財団[5]が設立されるなど、政府が基礎研究を支援するシステムができあがった。このバネバー・ブッシュの考え方は、戦後のマックス・プランク協会の再編にあたっても影響を及ぼしたと考えられる。

順調な発展

その後、マックス・プランク協会は順調に発展し、現在は、研究所数は83、年間予算は約14億ユーロ（約２０００億円、２０１２年）、さらに第三者資金などが4億ユーロ（約６００億円）あるが、政府からの予算は連邦と州の研究・イノベーション協約に基づき、毎年5％ずつ（２０１６年からは３％ずつ）自動的に伸びている。職員数は1万７０００人（そのほかに４５００人の若手および客員研究者）となっている。また、研究内容について研究所外部からのトップダウンの影響を受けることはないという、極めて中立的な機関である。

ドイツにおけるノーベル賞受賞者も、その多くはマックス・プランク協会の関係者といってもよく、これまで18人を数えている。２０１４年に「超高解像度の蛍光顕微鏡の開発」で化学賞を授与されたシュテファン・ヘルもその1人で、マックス・プランク協会生物物理化学研究所長を務めている。

4 *Science, The Endless Frontier.*

5 NSF, Natinal Science Foundation.

運営にみる独自性：研究は各研究所長の権限、マネジメントは会長の権限

マックス・プランク協会の各研究所においては、研究の実施はそれぞれの研究所長（Director）にまかされている。以前は各研究所に1人ディレクターがいるというシステムだったが、現在は複数のディレクターが任命されているので、日常的な所長業務は複数のディレクターが時期を替えて交替で行っている。一方、所長の人事、予算の決定などの骨格をなす運営管理業務の権限は会長にあり、その意味では中央集権的なマネジメントスタイルとなっている。

したがって各研究所は独立した法人ではなく、マックス・プランク協会は全体として一つの公益的な法人を形作っている。このため、時代の要請にあわせた新たな研究所を設立する権限も会長が持っている。そうはいっても会長が1人で勝手に決めるわけではなく、学者から構成される諮問機関と相談しつつ決めることになる（図6・1）。

会長の重要課題

グルス会長[6]（図6・2）によれば、会長としての重要な課題の一つは、財源を確保した上で、研究所のディレクターを任用することである。任用プロセスで特筆すべき点は、こちらが欲しい人は通常は既によいポストに就いているので応募してこないため、ディレクターの任用は公募ではなく指名、すなわちヘッドハンティングだけということである。よい候補者がみつかった場合には、会長が評議会に任用を提案し、評議会での過半数による決定が必要である。評議会の議長は会長が務め、年に3回開催する。その構成は3分の1が大企業の最高経営責任者、聖職者などの公職にある人、3分の1が科学者[7]、残りの3分の1が政治家[8]である。政治家では、ニーダーザクセン州のヴルフ首相が評議員だったことがあるが、途中で連邦大統領となったため、大統領がマックス・プランク協会の評議員に名を連ねていた

6　Dr. Peter Gruss. ２０１４年退任。

7　大部分はマックス・プランク協会に所属。

8　2人の州首相、5人の州政府の研究担当相など。

図 6.1　マックス・プランク協会本部（ミュンヘン市）

図 6.2　マックス・プランク協会グルス会長（+マックス・プランク彫像）と著者

こともある。

人材獲得競争などに直面し急いで決定する必要がある場合は、会長が決め、後で評議会に報告することができるが、この手続きはなるべく使わないようにされている。このように、マックス・プランク協会では会長の影響力が大きいことが特徴である。ヘルムホルツ協会やライプニッツ協会ではそれぞれの研究所が法的に独立しているため、会長の権限は相対的に弱く、所属する研究所の所長の人選への影響力は小さい。

協会としての科学政策の決定

また、会長の任務の一つは、新たな研究所の設置を含むマックス・プランク協会の科学政策の決定である。新たな研究領域の決定にあたっては、ボトムアップと社会課題などへの対応によるトップダウンを併用している。新しいことをするには、その分野で指導的地位にある研究者をディレクターとすることが必要である。ディレクターは一度任命すると20年ないし25年は在任するので、この期間に想定される研究活動を評議会に対して上手に説明することが会長の責任である。そのためには戦略的考慮とボトムアップ、双方の調和が必要である。選定のプロセスとしては、評議会への提言機能を有する生理学・医学部門、化学・物理・技術部門、人文・社会・精神科学部門の3部門における将来構想委員会に対して、新たな構想、創設、展開などについての将来展望の作成を求める。その上で3つの将来構想委員会を集めた会議を開き、実現すべき提案の優先順位づけを行う。ここでボトムアップとトップダウンが統合され、将来の大きな課題へ対応する事業が可能になる。

新たな研究所、研究内容の転換

マックス・プランク協会の研究所の数は増加しつつあるが、数だけでなく研究内容も、新たな分野の研究の勃興や研究の発展・変化にあわせ、かなり急速に変革している。グルス会長の任期中には、ソフトウェアシステム研究所、老化生理学研究所、材料構造・力学研究所、インテリジェント・システム研究所など[9]が設立された。また、設立途上で小規模に実行中のものとして経験美学研究所[10]、化学エネルギー転換研究所などがある。

このような新しい研究所の設立以外にも、研究所の研究内容を変えたり、規模を大きくしたりしているので、研究所の総数が意味する以上に、実際は内容的にかなり進化しているとのことである。システム生物学についても既にセンターを作り活動しているので、5~7年以内に独立させる予定であるし、睡眠の生物学についても検討中とのことであった。

また、マックス・プランク協会の特徴の一つとして、文科系の研究所も存在することがあげられる。連邦教育研究省の研究イノベーション専門家委員会（ＥＦＩ）のハルホフ委員長は、マックス・プランク協会イノベーション・競争研究所の所長を務めている。この研究所は、１９６６年に外国・国際特許・著作権・競争法研究所として設立されたのが起源であるが、今世紀に入り２００２年、２００９年、２０１１年、２０１３年と目まぐるしく研究領域を拡大して現在の姿になっている。

ブレークスルーを生み出す研究所運営5原則

マックス・プランク協会のグルス会長は、極めて創造的な科学的ブレークスルーを生み出すための研究所運営に必要な原則を5つにまとめている。

第1は、研究とリーダーシップにおいて最高レベルを求めることで、これは前述のハルナック原則に

9　ロボティックスの研究所。
10　芸術家と神経生物学者の共同によるもの。

より満たしている。

第2は、大きな絵をえがき小さなグループで研究を実施するということで、これは各研究所の規模を抑えることで実現する。

第3は、多くの専門分野とコンタクトを持つことで、いくつもの分野の専門家により、研究所の人員を構成する。

第4は、基盤的運営経費の確保と柔軟な第三者資金の確保である。これは連邦・州の共同決定である研究・イノベーション協約による毎年の予算増加と、その際に州が負担することになる増額分の予算の全州への割り振り算定式（ケーニッヒシュタイン協定）[11]により確保している。

最後の第5は、できるだけ早い段階での研究者の独立を重要視するということで、これはマックス・プランク・リサーチグループの仕組みにより実現している。いったん若いグループリーダーを任命した後は、グループメンバーの選定およびグループの構成の仕方は、グループリーダーの考えにゆだねることにしている。[12]

マックス・プランク協会の会長が最も注力したことは意外にも…

グルス会長は２００２年に就任して２０１４年に退任したが、在任12年間で何に注力したのかとの問いへの答えは、意外にも「国際化」であった。欧州のほぼ中心に位置し、ドイツ最高の基礎研究機関、世界に名をとどろかせる科学者を輩出しているマックス・プランク協会のトップからこの言葉が出てきたのは意外であった。彼によれば、自らの在任中に所長クラス（Director）の外国人比率は30％（２７７人のうち83人）、ポスドクに至っては89・３％（２０１１年、２４８４人のうち２２１２人）、そのほか客員研究者では59・９％（１６７０人のうち１０００人）、博士課程の学生では46・７％（２０１１年、

11　１９４９年３月、ドイツ連邦共和国の成立前に各州が結んだ協定で、１つの州が財政的に負担できない研究施設についての協力を目的とし、各州の財政負担割合の考え方を示している。

12　第３部18参照。

5252人のうち2453人）となったとのことである。ポスドクや博士課程大学院生の数の多さと外国出身者の割合の大きさには驚かされるが、ここにはドイツの抱える意外な問題点も内包されている。ドイツの若者、すなわちポスドクの多くが、米国や英国での研究活動を選択して国を離れてしまうため、世界中から優秀な若者をドイツに集める努力をせざるをえないということである。いわば、ブレイン・ドレインをブレイン・サーキュレーションに転換する努力を必死にしているのかもしれない。

ハーバード大学と競争しても勝てる

それでは、この12年間の国際化の努力により何が変わったのか？　グルス会長の答えは、「ハーバード大学と競争してでも人材を獲得できるようになった」ということであった。なるほど、国際的な人材獲得の競争はそこまでいっているのかと、改めて思い知らされた一幕であった。同時に、これでは日本に本当に優秀な世界の頭脳を集めることは難しそうだということも理解できた。実際、日本を代表する研究機関である理化学研究所などでも、世界第一級の人材を獲得することが難しくなってきている。

マックス・プランク協会ではイノベーションの実現に向けても努力しており、1990年以来のスタートアップは89社となり、そのうち45社にはベンチャー・キャピタルの資金が導入されている。また、7社が証券取引所に上場されており、21社はM＆Aの対象となっている。さらに年間のライセンス収入は2000万ユーロ（約28億円）を数える。商品化したものはいろいろあるが、面白いところではコーヒーからカフェインを除く技術もマックス・プランク研究所での開発成果とのことである。

7 伝統的に強固な産学公連携

7-1 ドイツの産業構造

中堅企業の担う巨大な役割

ドイツは自他ともに認める製造業国家、ものづくり国家である。車、工作機械から始まり、化学、医薬品、電機、航空宇宙、情報などあらゆる部門で世界に知られている。企業でいえば、ベンツ、フォルクスワーゲン、BMW、ボッシュ、ジーメンス、バイエル、ツァイスなどの企業は世界のだれもが知っているブランドであろう。しかし、ドイツの産業構造の特徴は中堅・中小企業の数と強さにある。日本も中小企業が強いといわれているが、日本以上である。

日本とドイツにおける、企業数に占める中小企業の割合は全く同じ99・7%[1]であるが、日本とは異なるドイツの中小企業の強さは、その国際展開にある。国の輸出総額で中小企業の占める割合はドイツが28%（日本は8%）、輸出を行う中小企業の割合は19・2%（日本は2・8%）、対外直接投資を行う中小企業の割合は2・3%（日本は0・3%）と、ドイツの中小企業の積極的な海外展開の数字が表れている（図7・1、表7・1）。

日本の場合は市場がそれなりに大きいこともあり、優秀な中小企業であっても日本国内でのみ活躍し

1　定義は若干異なる。

■ GDP 額比較（名目 /2013 年）－日本はドイツの **1.3 倍！**

日本：4 兆 8,990 億 US ドル　ドイツ：3 兆 6,360 億 US ドル

■日独の輸出額比較－ドイツは日本の **2 倍！**（機械・輸送・化学では 1.8 倍）

日本：7,192 億 US ドル　ドイツ：1 兆 4,245 億 US ドル

■ GDP に占める輸出の割合の比較－ドイツは日本の **2.7 倍！**

日本：**14.6%**　ドイツ：**39.2%**

■国の輸出総額に中小企業が占める割合－ドイツは **3.5 倍！**

日本：**8 %**　ドイツ：**28%**

出典：IMF-World Economic Outlook Databases（2014 年 10 月版）
JETRO 基本情報・統計（ドイツ連邦統計局、財務省貿易統計より）
経済産業省　通商白書　2012

図 7.1　経済指標比較

表 7.1　中小企業の海外事業展開をする割合

	日本	ドイツ	フランス	イタリア	スペイン
輸出を行う企業の割合	2.8 %	19.2 %	19.0 %	27.3 %	23.8 %
対外直接投資を行う企業の割合	0.3 %	2.3 %	0.2 %	1.6 %	2.1 %

資料：経済産業省 2012 年版中小企業白書（経済産業省「工業統計」、総務省「経済センサス」を再々編加工）、欧州委員会（2010）Internationalisation of European SMEs
備考：日本の中小企業は従業員 300 名以下、EU の中小企業は従業員数 250 名以下

ている例が多い。海外に進出する場合でも、系列の親会社の海外展開に伴い、やむをえず海外に出ていくということが多い。これに対してドイツの中小企業の場合は、国内市場が日本ほど大きくなく、かつ、近くにある国境を越えれば言葉の異なる外国であるため、自然に国外展開をせざるをえない環境におかれているといえる。それが積もり積もって、中小企業のグローバル展開につながっている。また、企業におけるイノベーションの状況を調査しているOECD報告や日本の「全国イノベーション調査」の結果をみると、従業員10人以上の製造業と一部のサービス業でプロダクトまたはプロセス・イノベーションを行った会社は、日本では24％であるが、ドイツでは70％程度という結果が出ており、その差が著しい。

隠れたチャンピオン

ドイツの著名なコンサルタントである、ヘルマン・サイモン氏[2]（図7・2）によれば、ドイツには「隠れたチャンピオン」が数多く存在するという。彼の定義によれば、隠れたチャンピオンとは①特定の分野で世界トップ3位以内、または大陸で1位、②売上高が50億ユーロ（約7000億円）未満、③一般的にあまり知られていない、という3つの条件を満たす企業であり、このような企業がドイツには1300社を数える。同じような尺度でみると日本には200社強しか存在しないとのことで、ドイツは日本をはじめとする他国をダントツに離している。特に21世紀に入ってからのこれらの隠れたチャンピオンの飛躍は著しく、売り上げ、雇用などの伸びはドイツ経済において重要な部分を担っている（図7・3）。

2　ドイツ語圏ではドラッカーに次ぐ経営思想家。プライシングの世界第一人者。

図 7.4　フラウンホーファー協会本部
（ミュンヘン市）

図 7.2　ヘルマン・サイモン氏と著者

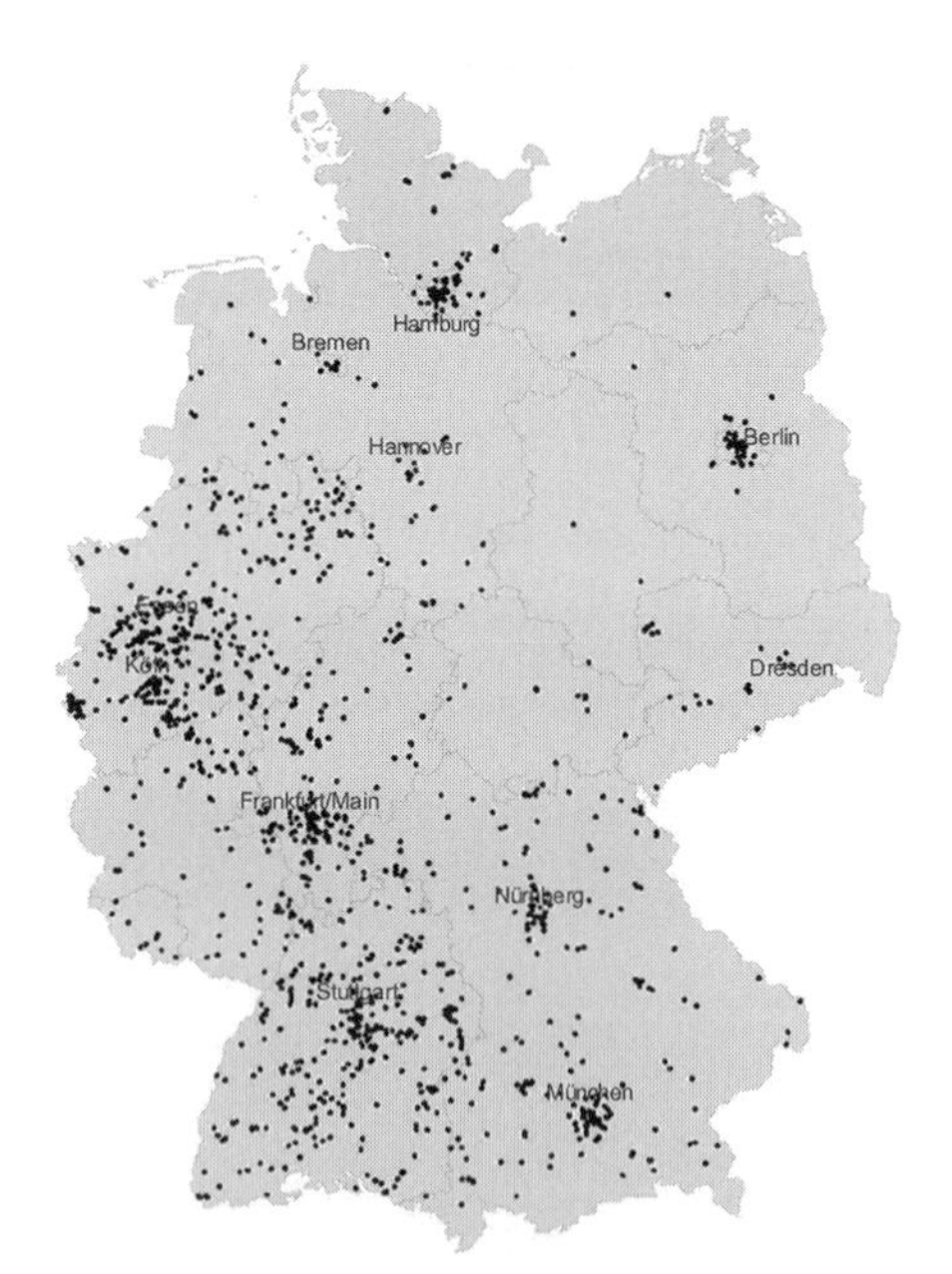

出典：Hermann Simon, *Hidden Champions—Aufbruch nach Globalia*, Frankfurt: Campus-Verlag 2012.

図 7.3　ドイツの「隠れたチャンピオン」の地域分散

7-2　フラウンホーファー応用研究促進協会

研究開発を外部発注する風土

さて、ドイツの中堅・中小企業がいくら強いといっても、イノベーションが求められる競争社会において、自社のみの能力で生き抜いていくことは困難である。そこで求められるのがオープンイノベーション、すなわち研究開発の外部発注、あるいは共同研究である。ここはある意味ドイツの独壇場ともいえる世界であり、日本にはない、いろいろなアクターが存在する。第1のアクターは、我が国にも現地法人のあるフラウンホーファー協会である（図7・4）。

フラウンホーファー協会はおよそ2万3000人の職員を有し、ドイツ全土に66か所の研究所が存在する。2万3000人の内訳は、研究者・エンジニア・事務職が約1万6000人、大学院生・学生が6000人強となっている。予算でみると、全予算は約20億ユーロ（約2800億円、2013年）であり、そのうち国防関連研究と政府からの追加的予算による建設費を除く一般研究が16億6100万ユーロ（約2320億円、2013年）となっている。このうち、いわゆる運営費交付金的な政府からの基盤的運営経費にあたる収入は4億6100万ユーロ（約640億円）で約28%しかなく、その他は産業界からの収入が5億7800万ユーロ（約809億円）で約35%、政府からのプロジェクト収入が4億3100万ユーロ（約603億円）で約26%、欧州委員会からの収入が9200万ユーロ（約129億円）で約5・5%を占める（図7・5、図7・6）。

フラウンホーファー協会の法的形態をみると、各研究所に法人格はなく、全研究所が一体となって一つの公益法人を構成している。ただし、民間や政府との研究契約などを各研究所の発意で締結すること

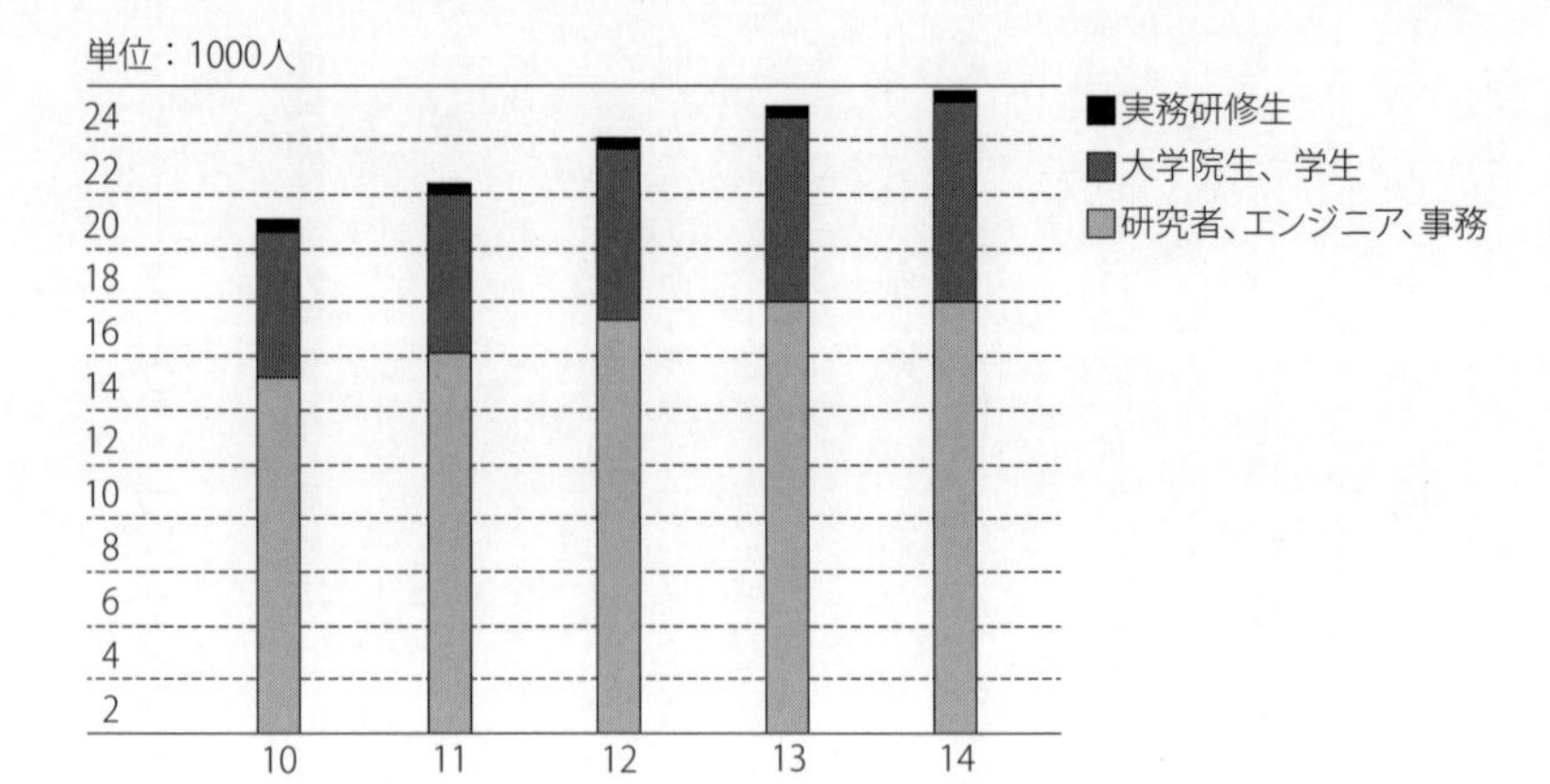

出典：Fraunhofer Jahresbericht 2014

図 7.5　フラウンホーファー協会の人員の伸び（2010 ～2014 年）

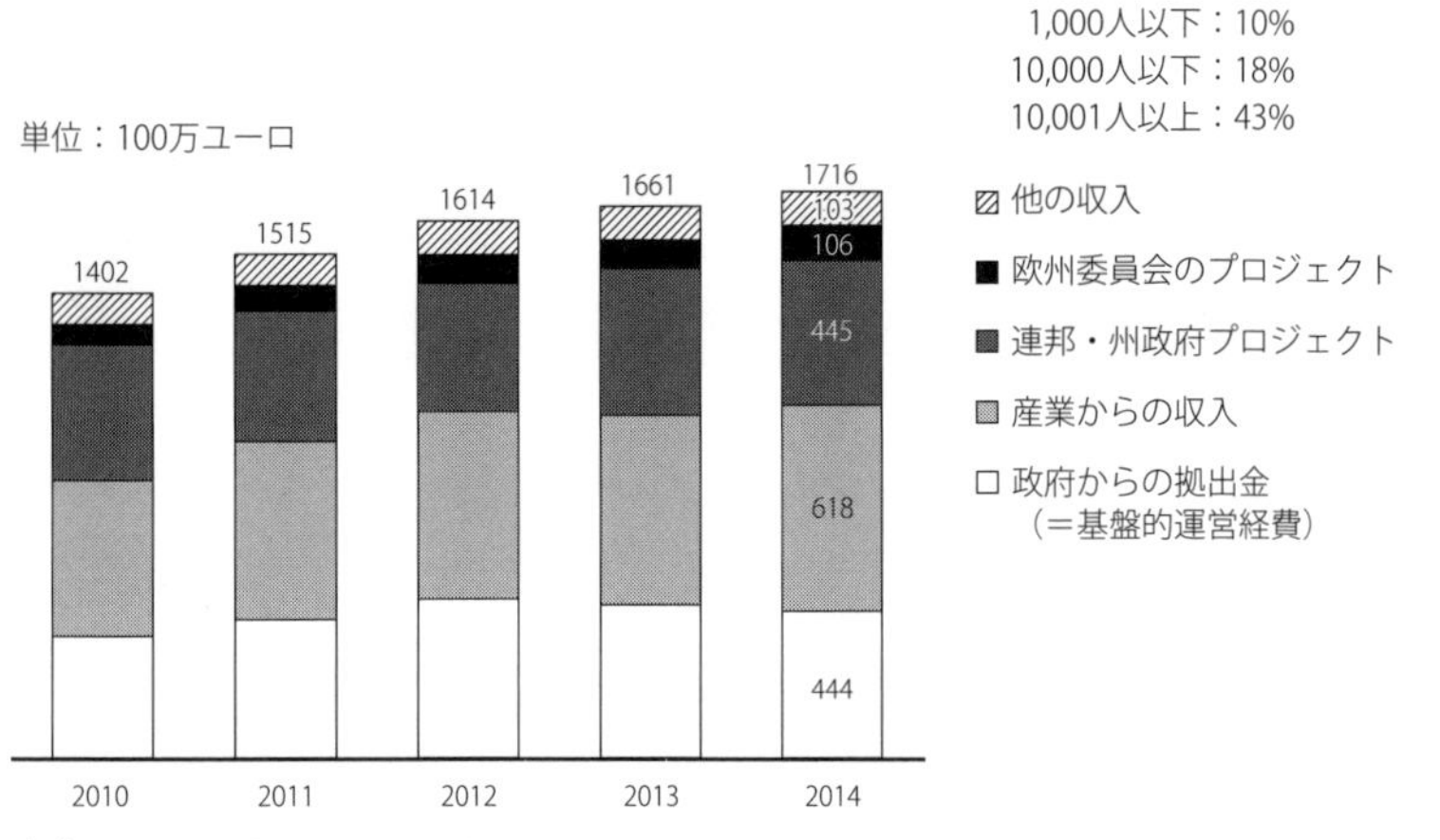

出典：Fraunhofer Jahresbericht 2014

図 7.6　フラウンホーファー協会の研究予算収入構造（防衛研究を除く）（2010 ～2014 年）

ができるばかりでなく、次にふれるフラウンホーファー・モデルに基づく各研究所の経営が成り立っている限りにおいて、本部は何も口を挟まないことになっている。

苦難の道を歩んだフラウンホーファー協会、閣議決定での決着

フラウンホーファー協会はもともと、バイエルン州の産業界の研究に対する公的支援団体として1949年に発足した。1951年にはマーシャルプランからの財源を確保したものの、マックス・プランク協会やドイツ研究振興協会などとの関係がうまくいかず、解散の危機に追い込まれたこともある。1954年からバイエルン州とバーデン・ヴュルテンベルグ州による支援が始まり、1955年から始まった経済の高度成長で息を吹き返したという経緯を持つ。また、1956年からは連邦国防省との契約が始まり、一時は研究資金の半分以上を国防研究費が占めたこともある。そのため、1968年の学生運動の年にはその矢面に立たされたり、スパイ事件にも巻き込まれたりもした。

厳しい経営が続く中、フラウンホーファー協会のビジネスモデルについては政府も巻き込んで検討が進められ、ようやく1973年に至り、現在のフラウンホーファー・モデルが連邦政府の閣議で承認され、実行に移されることになった（図7・7）。わざわざ閣議決定まで行った理由は、第1にフラウンホーファー協会をドイツにおける応用研究の能力ある実施機関として認知すること、第2に新たに設定したフラウンホーファー・モデルに基づく連邦政府の支援が地に足の着いたものになるのかを確認していく必要があったことだとされている。

フラウンホーファー・モデルとは

それでは、フラウンホーファー・モデルとはどんなものであろうか。これは、民間企業や政府・公共

1949 年　バイエルン州産業界の研究に対する公的支援団体として設立
1951 年　マーシャルプランからの財源確保
1953 年　マックス・プランク協会、ドイツ研究振興協会との不協和音、危機
1954 年　バイエルン州＆Ｂ・ヴュルテンベルグ州政府の本格的支援
1955 年　経済の奇跡で息を吹き返す
1956 年　連邦国防省との契約開始（研究資金の半分以上にも）
　　　　独自研究所の設立開始
1968 年　学生運動の矢面に。スパイ事件。
1972 年　連邦・州委員会がフラウンホーファー・モデルを提言
1973 年　フラウンホーファー・モデル実施（閣議レベル決定）
　　　　ドイツにおける応用研究担当機関としての認知

図 7.7　フラウンホーファー協会の誕生～発展

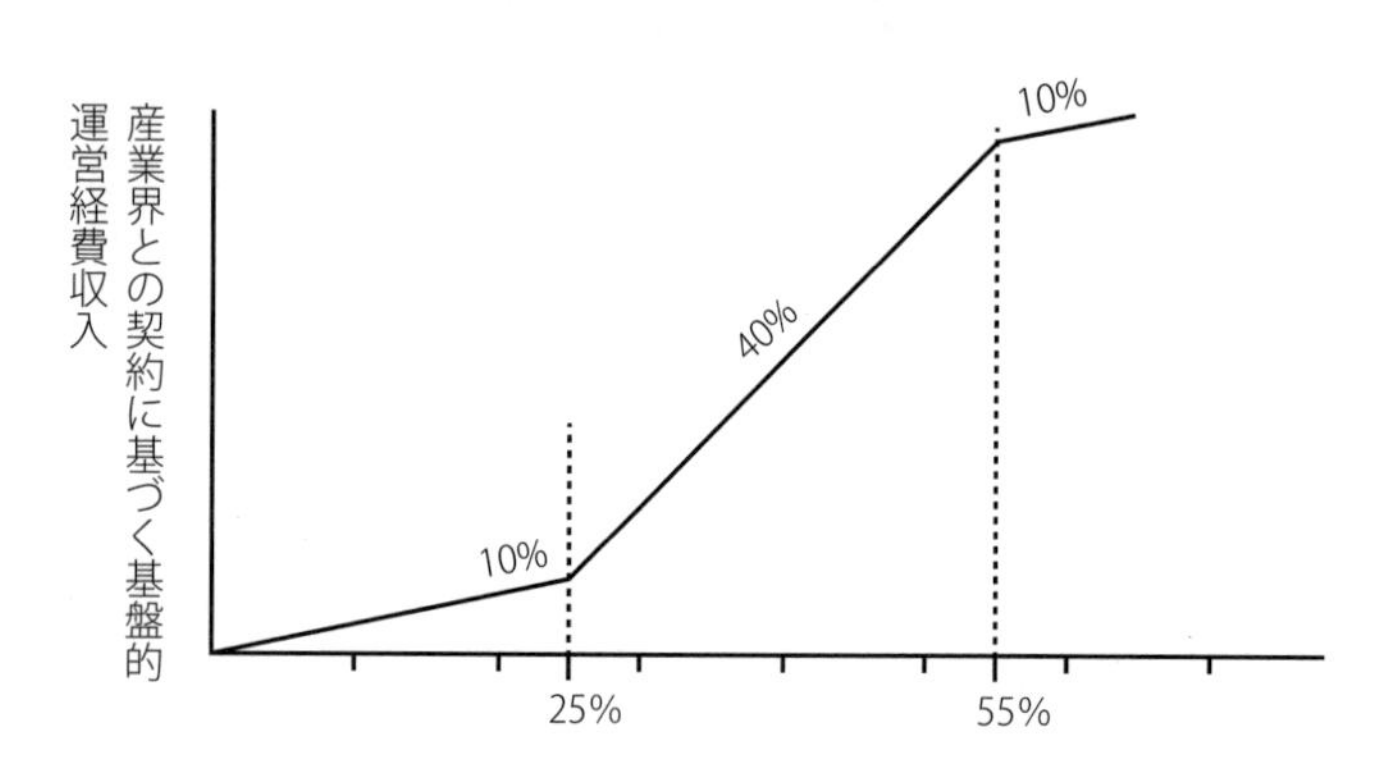

出典：フラウンホーファー協会資料に基づき著者作成

図 7.8　産業界との契約に基づく基盤的運営経費収入の算定方法（フラウンホーファー・モデル）

団体などから受託研究開発契約を受けた場合、その40％にあたる金額が基盤的運営経費[3]に追加され、協会本部から受けられるというものである。基盤的運営経費としては、どの研究所もまず最低金額として60万ユーロ（約８４００万円）と研究所全体の予算金額の12％相当額の合計額が本部から配分される。これに加えて、民間からの受託研究費に対応して上乗せする部分が加算される。

この40％にあたる部分も図7・8でみるように、受託研究費の少ないうちは10％でスタートし、多くなると40％になり、あまりに増えるとまた10％に戻るというものである。当初の10％程度の部分だけしか受け取れないと研究所の持続的運営・存在が困難となるが、あまりに受託契約が増えても、研究所としての公的性格が問われるようになるため、これを回避させるように誘導し、結果的に適切な規模の研究受託を獲得することを奨励しているといえる。

その結果、フラウンホーファー協会全体としてみると、全収入に占める政府からの基盤的経費の割合は30％程度にとどまっている。残りの3割強は連邦・州政府などからの委託事業、さらに3割強は民間企業からの研究委託事業となっている。日本の産業技術総合研究所では、民間からの受託研究の割合は金額ベースで6％程度である。政府の決定した「日本再興戦略２０１４」では、産総研の民間企業からの受託研究等を現行の3～4倍とすべきとされているが、しっかりしたシステム設計をすることなくフラウンホーファー協会の域に達するのは容易ではない。

いずれにしろ、フラウンホーファー・モデルが成立するためには、研究開発を委託する企業の存在が前提となる。いわばオープンイノベーションの気風が存在するのかどうかということかもしれない。ここで、世界で活躍する中小企業の存在が関係してくる。ドイツには日本のような大企業と中小企業の系列関係が存在しないため、中小企業は常に厳しい競争を勝ち抜くための方策を自ら考えていく必要に迫られている。そのためには継続的な新製品の開発などが求められるが、いくらグローバルに活躍する企

3　日本の運営費交付金に相当。

業であっても、中小企業の場合は新たな研究開発需要に常に対応できる研究開発要員をかかえているわけではない。そこで研究開発をアウトソーシングする需要が発生する。このような中小企業の場合ばかりでなく、大企業も自ら能力を持ちあわせない場合は研究を委託することが多い。

大学から産業界への知識移転。そのプロセスとは？

それでは大学から産業界への知識移転は、フラウンホーファー協会を通してどのように起こっているのであろうか。これを概略的に表すと次のようになる。まず、ドイツにおいても研究開発のコアコンピテンスはやはり大学にあると認識されているため、フラウンホーファー協会の研究所は大学の近くに設置されている。そして所長は必ず大学の教授が兼務している。このため、学生にとってフラウンホーファー研究所は近い存在であり、多くの学生が研究所に来るのも不思議ではないし、実際、学生にとって人気のある研究場所となっている。

フラウンホーファー研究所で研究しようとする学生は、フラウンホーファー研究所に雇用されることになるので、勤務時間中は研究所のプロジェクトに参加し、勤務終了後や週末に博士論文を書くことになる。そのため論文の完成までには通常5～6年かかってしまう。しかし、学生はフラウンホーファー研究所において外部から受託したプロジェクトの遂行にあたるので、大学からの知識移転をしつつ企業との付き合いが深まり、企業家的発想を会得することができる。学生にとっては発注元の企業と直接に議論できることが魅力であり、結果的に産業界から歓迎される人材に成長する。フラウンホーファー協会の人材養成戦略については後にふれることにする。[4]

何が大学からの知識移転なのかということについては、フラウンホーファー研究所側は、大学自体に何か素晴らしい知識があるというよりも、若い学生の頭脳自体がアイデアの宝庫と考えている。そこ

4　第3部23参照。

で、このような若い頭脳の移動を通して、結果的に大学から産業界への知識の橋渡しが成立する。また、これらの学生が産業界に就職すると、彼らが将来の顧客となる可能性も大きく、フラウンホーファー協会のネットワークの拡大にも寄与することになる（図7・9）。

学生だけではない人材の流動

フラウンホーファー研究所からの人材の動きは、何も博士号を取得した若者だけに限らない。自動車部品のメーカーとして世界に知られているコンチネンタル社の取締役会会長であるデーゲンハルト氏[5]は、もともとは宇宙工学が専門であったが、フラウンホーファー協会生産技術・オートメーション研究所で操作および工業ロボットシステム研究室長を務めてから同社に移っている。またダイムラー社の取締役で、たまたま現在、デーゲンハルト氏の在職したフラウンホーファー研究所の理事会会長を務めるウェーバー氏[6]も、以前はフラウンホーファー協会で研究をしていた経験がある。このように、さまざまなレベルの研究者が外部に転出することにより、フラウンホーファー協会自体のネットワークは、ドイツ中に張りめぐらされているといってよい。

論文で評価しないユニークな研究者評価

フラウンホーファー協会のシステムでさらに面白いことは、研究者の評価である。研究者は通常、論文でその活動を評価されるが、フラウンホーファー協会では論文ではなく、企業との契約、また特許申請をもって評価している。特許についてはライセンス収入の実現までは時間がかかることから、申請することを評価の対象としている。フラウンホーファー協会としては特許を資産と考え、特許を組み合わせて使うことなどにより、後で収入を図ることを考えている。そのため、企業からの受託プロジェクト

5　Dr. Elmar Degenhart.

6　Prof. Dr. Thomas Weber.

・コアコンピテンスは大学にある。研究所は大学の近くに設置

・所長は、教授が兼務（全員）。学生が研究所に来る

・学生は研究所のプロジェクトに参加しつつ、並行して研究所で博士論文を書く。
論文が完結するまで、５～６年かかる

・大学からの知識移転というが、大学自体の知識というより、若い学生がアイデアの
宝庫

・プロジェクトの遂行にあたるので企業との付き合いが深まり、企業家的発想を会得

・学生にとって、発注元の企業と直接議論できることが研究所の魅力

・産業界から歓迎される人材に成長

・学生（研究者）は、遅くとも７年後には産業界に移動。
研究所に残るのは 1/4 以下

・結果的に、大学から産業界への知識の橋渡しが成立

・彼らが将来の顧客となる可能性大。
フラウンホーファーのネットワークの拡大に寄与

図 7.9　大学から産業界への知識移転におけるフラウンホーファー協会の役割

で発生する知的財産権はすべてフラウンホーファー協会が保有し、必要に応じてライセンスするという形を取っている。日本の研究所がフラウンホーファー協会を目指すというのであれば、研究者の評価方法を切り替えない限り、その実現は無理であろう。

世界各国でも関心の的に

日本では産学官連携の促進のために頻繁に新しいプログラムを考案しているが、ドイツでは社会を構築するシステムの中に産学公連携が自然とインプットされているといえる。近年、このフラウンホーファー・モデルには世界からも関心が集まっている。

ノルウェーやオランダなどでは、既に似たような組織が設立されたと伝えられている。また、英国では2010年に、「フラウンホーファー・モデルの適用による英国での効果的なイノベーション・エコシステムの創造」というシンクタンクの報告書が、下院に設けられた「テクノロジー・イノベーション・センターのエリート・ネットワークの構築にかかる科学技術委員会」に提出されている。現実に、近年英国で、特定分野における産学公連携を推進する場として設けられているカタパルト・センターは、フラウンホーファー協会をモデルとしている。フランスでは、成果を上げている産学公連携組織に「カルノー研究所」という称号を与えているが、これもフラウンホーファー協会をモデルとしている。

米国ではオバマ大統領が「製造業イノベーションの全米ネットワーク[7]」の設立、充実に熱意を燃やしている。このネットワークは、先進製造技術を対象とした産学公のコンソーシアム組織である製造革新機構[8]から成り立っているが、この製造革新機構も、フラウンホーファー協会をモデルにしているといわれている。製造革新機構は政府資金と同額のマッチングファンドを前提としており、既に、付加製造革新機構[9]（国防総省）、次世代パワーエレクトロニクス製造革新機構（エネルギー省）、軽量・新金属革新

7 NNMI, National Network for Manufacturing Innovation.

8 IMI, Institute for Manufacturing Innovation.

9 付加製造は、3Dプリンター利用による製造のことをいう。

機構（国防総省）、デジタル製造・設計革新機構（国防総省）、先進複合材料製造革新機構（エネルギー省）、統合フォトニクス製造革新機構（国防総省）の6つの設立が発表されている。また、フレキシブル・ハイブリッド・エレクトロニクス、スマート製造の2課題で拠点を公募中である。

近年、我が国においてフラウンホーファー・モデルについての議論が盛んに行われているが、これが日本だけの現象ではないところが、このモデルの持つ普遍的有用性を示している。

7-3 アン・インスティテュート

1980年代に登場

「アン」とはドイツ語で「そば」（傍、側）という意味である。インスティテュートは、ドイツでは大学に属する一つの組織と理解されており、通常は何名かの教授が講座を持っている。しかし、大学は州政府に属する公的機関であり、教授に対する制約が多いため、実のある産学公連携のための研究開発ができないという問題が1980年代に持ち上がった。そこで生まれたのが「アン・インスティテュート」という新たな形の研究組織である。

法的根拠と設立形態

アン・インスティテュートは独立した研究組織であり、公益有限責任法人[10]などの民法上の法的形態を持ち、出資者は場合によって異なるが、政府、大学、教授、企業、企業連合体など、さまざまな関係者の組み合わせである。通常、大学での講座を持つ1人あるいは複数の教授がアン・インスティテュート

10　ドイツ語では gemeinnützige GmbH: gGmbH.

で活動し、学生、大学院生、ポスドクなども、ここで給与を得ながら活動し、企業との接点も持ちつつ、自らの研究も進めている。経営のトップには教授がついていることが多い。

アン・インスティテュートという形態の研究組織の設立根拠は、州法に規定されている。例えばザクセン州の場合、同州大学自由法第95条第1項において、「大学と共同で、大学だけでは解決できない課題の解決にあたる場合、その法的に独立した組織を大学はアン・インスティテュートとして認めることができる」と規定している。

実際の例

理工系総合大学として知られているアーヘン工科大学においては、研究と科学探究において必要な場合、極めて緊密にアン・インスティテュートと協力するとしていて、15の組織を認めている。実際の活動分野をみると、材料、工作機械、粉末冶金、環境に調和するエネルギー生産、下水処理、プラスチック加工、電機・電力機器、エコシステム分析、眼科、企業のマネジメントやコミュニケーション、サイバネティクスなど実に幅広いが、そのうちの一つに、アーヘン工科大学とオマーンとの長年の協力に基づき、同国に成立されたオマーン・ドイツ工科大学[11]も入っている。したがって、アン（傍）といっても、物理的な近さだけではないようである。

アーヘン工科大学によれば、これらのアン・インスティテュートの活動により、500人を超える雇用と、年間4600万ユーロ（約64億円）を超える支出があり、アーヘン地域における研究開発レベルの向上に大きな貢献をしている。

11 German University of Technology in Oman.

7-4 シュタインバイス技術移転会社

貧困地域転換の努力、デュアル教育の考案

フラウンホーファー協会のほかに、ドイツにおけるもう一つの特筆すべき産学公連携のアクターは、シュタインバイス財団[12]である。シュタインバイス財団はドイツ南部の町、シュトゥットガルトを州都とするバーデン・ヴュルテンベルグ州における貧しい社会環境を転換する努力から生まれた、産学公仲介機関である。今ではドイツを飛び越して、日本をはじめとする世界各地に現地法人などができている。バーデン・ヴュルテンベルグ州は、今ではベンツ、ボッシュの本拠地などを擁する先端工業地域としても知られているが、100年前は社会的な制度の弊害もあり農作物も十分に産出できず、アメリカ大陸への移民も出していた貧しい地域であった。

当時のヴュルテンベルグ王国の国王、ヴィルヘルム一世が抜本的な対策をとるために集めた有識者の1人がシュタインバイス[13]である（図7・10）。英国視察から帰国したシュタインバイスは、1848年、ヴュルテンベルグ王国の技術顧問・商工局長官に就任し、「将来の産業従事者は、現場の能力に裏打ちされた理論的知識を持ち合わせていなければならない」という信念のもと、技術移転の推進、工業学校、女学校の設立に携わった。早くから産業に携わることのできる人材の養成に目を向け、学業と実習を核とする「デュアルシステム」を考え出し、デュアル教育の父とも呼ばれている。最初のシュタインバイス財団は早くも1868年に設立された。

このような経過とともにヴュルテンベルグ王国の経済も発展し、19世紀後半になると、欧州各地で開かれた万国博覧会にヴュルテンベルグの発明品が展示され、世界中から注文が来るようになった。その

12 1998年より、その主要活動は新たに設立したシュタインバイス技術移転会社で実施。

13 Ferdinand von Steinbeis, 1807–1893.

頃、メルセデス、ダイムラー、ボッシュなどの企業も設立されている。

シュタインバイス財団中興の祖　レーン教授

バーデン・ヴュルテンベルグ州は、１９７１年、中小企業への技術移転（技術コンサルティング）を目的として、シュタインバイス財団を再興した。同州フルトバンゲン専門大学の校長であったレーン教授[14]は、シュタインバイス財団の技術コンサルタントの1人として積極的に産学公連携の仲介をしていたが、当時のバーデン・ヴュルテンベルグ州のシュペート首相と会い、全面的な支援を取りつけ、シュタインバイス財団の中興の祖となった。レーン教授の考えは、一番効率のよい産学公連携は、大学の教員の空いた時間を活用して、教員と企業を直接結びつけるというものであった。

レーン教授は、シュペート首相の技術移転担当大臣となるとともに財団の理事長も兼任し、新しい形の産学公連携の制度化を実現した。彼の考えた制度の核は、委託事業の経費はすべて委託者である企業が出すということと、大学や専門大学の教員の兼業を就業時間の20％までは自由に行うことができるようにして、収入面でも大学の教員、特に給料の低い専門大学の教員のインセンティブを高めたことにある。

14　Dr. Johann Löhn.

企業の競争段階の研究開発でも協力

さらに大きな特徴は協力分野にある。それは、税金を一切使わないことから、競争前段階のものに限らず、守秘義務を要する競争段階の研究開発への協力を可能としたことである。これが可能となった理由としては、ドイツの専門大学の教員になるには、産業界で最低5年以上の経験を積むことが条件となっていることと、守秘義務を要する協力の中からも、自らの教育に生かせる経験を獲得できる教員が

シュタインバイス本部のある「経済館」(シュトゥットガルト市)

フェルディンド・フォン・シュタインバイス (1807-1893)
出典:シュタインバイス

図 7.10　シュタインバイス技術移転会社

多く存在するということであろう。

シュタインバイス財団は、当初のバーデン・ヴュルテンベルグ州内での活動から州外へ活動を拡大した際に、基本財産に州の財源が入っていることとの関係が問題となった。そのため、1998年、収益をあげることのできるシュタインバイス技術移転会社を設立し、現在、ほとんどの事業はこの会社組織の団体が実施し、世界への進出をはたしている。大学の教員がセンター長となるシュタインバイス・センターは、現在ドイツ内外に1000程度あり、受託企業も大企業から小企業まで、受託金額の規模も数十万円から数億円までと、多様な顧客を抱えている。総収入は1億5000万ユーロ（約210億円、2009年）程度にのぼっている。また、産学公連携のための人材養成に力を入れており、ベルリンにドイツ最大の私立大学を設立した。[15] これについては後の項目で詳述する。

7-5 ドイツ科学寄付者連盟

第一次世界大戦直後から継続する民間からの支援

このように産学公連携の組織については、ドイツにはあるが他国にないというものが存在し、しかもそれらが大々的に活動しているというところがドイツの面白さだが、ダメ押し的にもう一つの団体を紹介しよう。それは、「ドイツ科学寄付者連盟[16]」という法人である。簡単にいえば、研究支援をする500以上の財団をとりまとめる組織である。もとをたどれば、第一次世界大戦後、ワイマール共和国初期の1920年、ドイツ社会が疲弊し、研究資金も枯渇する中で、財界人が集まり、「経済界による科学、教育の支援」を旗印に研究のための資金を募る目的で設立した「ドイツ科学非常事態協会寄付者

15 第3部24参照。

16 Stifterverband für die Deutsche Wissenschaft.

連盟」がその起源である。ちなみに「ドイツ科学非常事態協会」[17]は、現在の大規模ファンディング機関であるドイツ研究振興協会の前身の機関であり、そのような由緒正しき機関を、当時のドイツの産業界が支援しようと立ち上がったわけである。

ますます増加する民間資金による支援

ドイツでは研究活動を支援する財団は増加傾向にあり、1972年の30財団から、2012年には571財団にまで増え、基金総額も2200万ユーロ（約31億円）から24億9200万ユーロ（約3490億円）にまで達している。これらの財団の設立や事業運営の支援が、ドイツ科学寄付者連盟の主要事業である。このほか自主事業として、大企業ばかりでなく、3000社に及ぶ中小企業から資金を集め、高等教育（科学・工学）の普及、教育水準の確保、教授職の提供[18]、研究マネジメントの向上などの事業を実施している。支援金額は年間約1億5000万ユーロ（約210億円）である。ドイツ科学寄付者連盟は、政策提言も行うとともに、産業界の研究開発に関する統計事業にも携わり、OECDとの窓口になっており、科学コミュニケーション事業もかなり行っている。ドイツの科学関係の機関は今でもボンに本部を置くところが多いが、科学技術関係の機関の集まる街区の中心に科学センターという建物があり、ここもこの財団が設立・運営しているし、科学関係のための会議・飲食費などの小口の支援も行っている。このようなこともあってか、ドイツではフォルクスワーゲン財団、ボッシュ財団のような大きな財団だけでなく、規模の小さな財団が年々、数を増やしている。

17　Notgemeinschaft der deutschen Wissenschaft.

18　1980年代より累計250人。

8 ハイテク戦略における産学公連携事例

8-1　地域クラスターの推進

連邦政府の先端クラスター事業

　産学公連携は、ドイツの科学技術基本計画であるハイテク戦略においても大きな位置を占めている。ドイツはその生い立ちが多くの領邦国家であるため、現在でも全国各地に、特色がありかつ競争力のある産業が存在している。これらの地域の産業の活性化に使われている施策が、クラスター政策である。ドイツには３００にのぼる技術をベースとしたクラスターがあるといわれているが、連邦政府も地域クラスターの振興に力を入れている。中でもハイテク戦略に基づく先端クラスター事業は、日本のクラスター事業とは全く発想が異なり、現在、欧州で2~3位の地域を欧州トップに、欧州トップの地域を世界2~3位にという、まさに強いものをより強くするという政策である。

　現在の先端クラスター事業は、ハイテク戦略に基づき２００８年にスタートしている。5か所ずつ、3回にわたり選定したので、現在、あわせて15の先端クラスター事業が動いている。15のプロジェクトの名称、実施地域は図8・1、表8・1の通りであり、ドイツの各地にわたっている。事業内容としては、支援期間が5年間、1か所あたりの連邦政府の支援額が４０００万ユーロ（約56億円）である。し

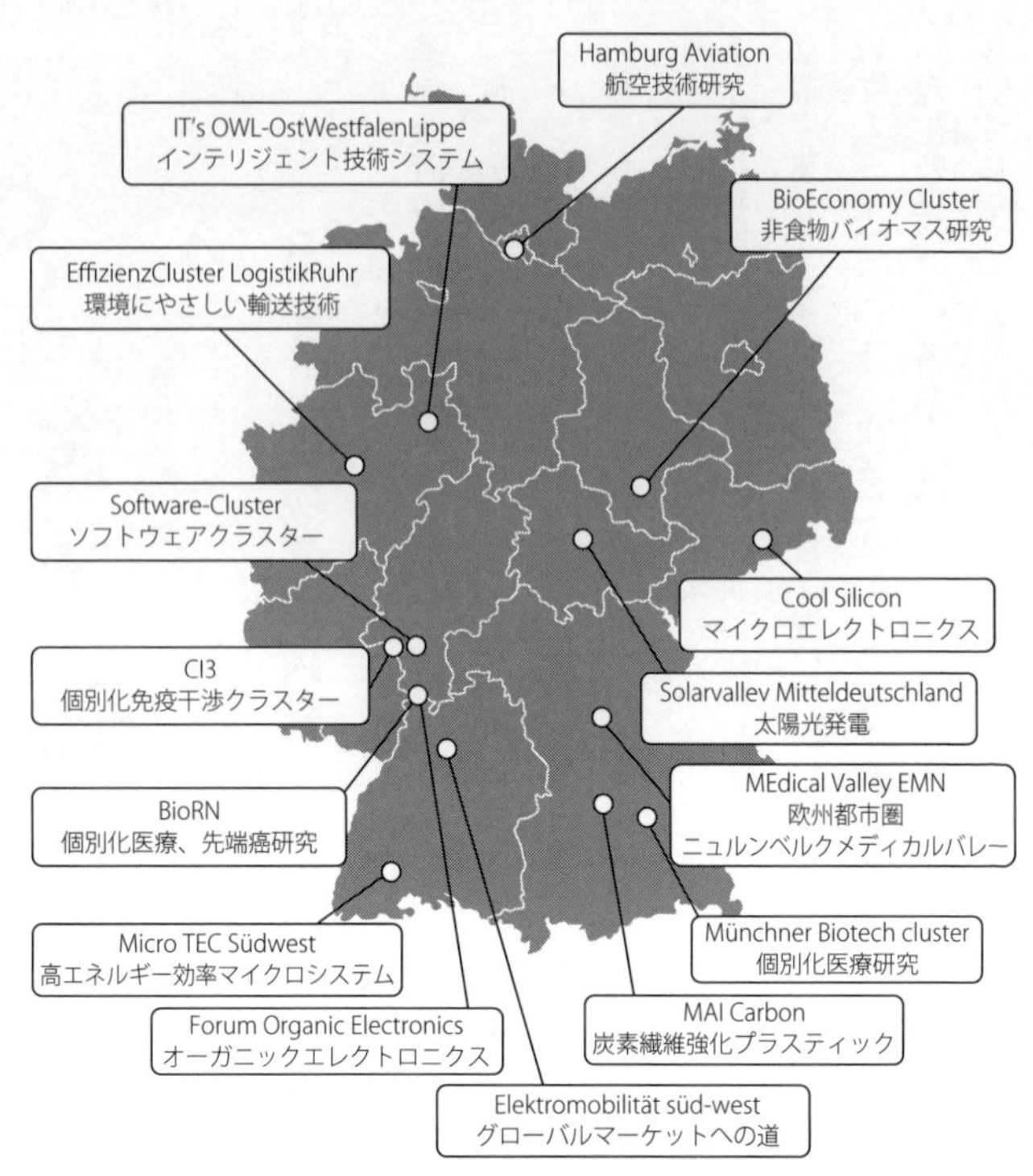

出典：http://www.bmbf.de/pub/deutschlands_spitzencluster_de_en.pdf

図 8.1　先端クラスターの全国分布

表 8.1　先端クラスター一覧（15 か所）　（　）内は開始年

選考	クラスター名称	地域	テーマ
第 1 回（2008）	BioRN	ハイデルベルグ、ライン・ネッカー地域	個別化医療　先端癌研究
	Cool Silicon	ドレスデン	マイクロ・ナノテクノロジー
	Forum Organic Electronics	ハイデルベルグ	オーガニックエレクトロニクス
	Solarvalley Mitteldeutschland	中部ドイツ	太陽光発電
	Hamburg Aviation	ハンブルグ	航空技術研究
第 2 回（2009）	EffizienzCluster LogistikRuhr	ミュールハイム、ドルトムント	環境にやさしい輸送技術
	Medical Valley EMN	ニュルンベルグ、エアランゲン	欧州都市圏メディカルバレー
	MicroTEC Südwest	フライブルグ	高エネルギー効率マイクロシステム
	Software-Cluster	ダルムシュタット	ソフトウェア開発
	Münchner Biotech Cluster	ミュンヘン	個別化医療研究
第 3 回（2012）	BioEconomy Cluster	ハレ	非食物バイオマス研究
	CI3	マインツ	個別化免疫干渉研究
	Elektromobilität Süd-West	シュトゥットガルト	電気自動車グローバルマーケットへの道
	It's OWL – OstWestfalenLippe	パダーボルン	スマート生産技術システム
	MAI Carbon	アウグスブルグ	炭素繊維強化プラスティック

出典：JST 研究開発戦略センター「科学技術・イノベーション報告～ドイツ～」（2015 年 3 月）

かし、事業金額については、地域での実施側が、連邦政府の支援額と同額以上の第三者資金を民間などから集めて初めて連邦政府のゴーがでるというところが、政府頼みの我が国の施策とは大きく異なる。

8-1-1　ミュンヘンのバイオクラスターm4

ビオ・レギオで始まった連邦政府のクラスター支援

ドイツの政策の一つの特徴は、息の長さではないだろうか。地域支援のためのクラスター政策についていえば、一つの事例としてミュンヘンにおける「バイオクラスターm４」があげられる。バイオクラスターm４は１９９６年、連邦政府の初めてのクラスター施策であるビオ・レギオプログラム[1]において採択された３つのクラスター計画の一つである。このビオ・レギオのプログラムでは、バイオクラスターm４の場合、２００１年までに２５００万ユーロ（約35億円）の支援が行われた[2]。この同じ地域が今回の連邦政府の先端クラスタープログラムで再度、採択された。改めて考えてみると、バイエルン州政府はビオ・レギオプログラムの始まる以前にこの地域の支援を始め、その後も継続して支援し、その間に時折、連邦政府がエポックメイキングな施策を講じるという構図がみえてくる（図８・２）。

バイオクラスターm４にはいくつかのサイトがあるが、その中心は市の南部に位置するマルティンスリート地区である。ビオ・レギオのスタート当時、既にここにはミュンヘン大学の遺伝子センターが存在し、応用研究（産業応用）をかなり意識した活動を始めていた。現在はマックス・プランク研究所、ミュンヘン大学の生物学部、化学学部、大学病院、多くのスピンアウト企業や著名な企業が集まり、その中心にクラスター・マネジメント会社がオフィスを構えている（図８・３）。

1　BioRegio.

2　ビオ・レギオ全体では２００４年までに９０００万ユーロ。

1996 年　バイオ地域競争プログラム (BioRegio Competition)　(9,000 万ユーロ)
1999 年　イノベーション地域プログラム（InnoRegio、旧東独地域）
(2 億 1,600 万ユーロ)
1999 年　コンペテンス・ネットワーク・プログラム　(800 万ユーロ)
2006 年　イノベーション・プロファイル・プログラム（InnoProfile、旧東独地域）
(2 億 8,000 万ユーロ)
2006 年　クラスター攻勢プログラム（バイエルン州政府）
2008 年　先端クラスター競争プログラム　(6 億ユーロ)
2008 年　クラスター競争プログラム（バーデン・ヴュルテンベルグ州政府）
2015 年　先端クラスター国際化プログラム　(1 億 2,000 万ユーロ)

注 1)　州政府としたもの以外は連邦政府のプログラム
注 2)　州政府については上記記載以外の州でも実施されている

図 8.2　地域クラスターおよびネットワーク強化政策

図 8.3　ミュンヘン　バイオクラスター m4

バイオクラスターm4の目標と成果

このプロジェクトは、2020年までにがんや各種炎症などの個別化医療におけるセンター・オブ・エクセレンスになることを目指している。現在は万人に薬が効くように、また、副作用がでないようにという配慮から、一部の人々には効果の期待できる薬でありながら、認可されるまでに多くの時間を要したり、不認可になったりする事例が多いため、企業にとっての負担が大きい。このプロジェクトによりコストや認可までの時間が削減され、個別化医療の実現が視野に入ってくることが、大いに期待されている。

2010年から2015年までのプロジェクト期間中に、連邦政府が4000万ユーロ（約56億円）、産業界から4000万ユーロ以上、州政府から1000万ユーロ（約14億円）、総計で約1億ユーロ（約140億円）の拠出が予定されている。この資金により、主にバイオマーカー開発と新薬開発を狙った50程度の産学公連携プロジェクトが動いている。参加機関は産学公あわせて約100機関であり、企業の場合、まずは小回りのきく中小企業が参加し、あとから大企業が参加したという形になっている。

このクラスターでは、これまで多くの企業が世界の製薬企業に買収されるなどして大きな成功をおさめている。例えば micromet 社は2012年、AMGEN 社に11・6億ユーロ（約1600億円）で買収され、開発されている薬が2014年に米国食品医薬品局[3]に特急承認の申請がなされている。また、日本からは第一三共が2008年に U3 Pharma 社を1億5000万ユーロ（約210億円）で買収し、同地に研究拠点を構えている。

3 FDA, Food and Drug Administration.

世界のバイオクラスターの一角に

いまや「ジーン・バレー」とも称され、世界におけるバイオ関係の研究センターの一つとして位置づけられているこのマルティンスリート地区であるが、米国のボストンやベイエリアにはまだ遅れをとっている。しかし、ＥＵによる評価のうえでは、欧州におけるライフサイエンスのクラスターとしては、英国のケンブリッジ、コペンハーゲンのメディカルバレーと並んで三大拠点のトップに位置づけられている。

現在、このクラスターにはバイオテクノロジー関係の企業１００社以上が立地し、２３００人の雇用があるが、クラスター・マネジメントを運営するドムデイ社長[4]は、米国に追いつき、数社がトータルで従業員1万人規模の雇用を実現することに期待をよせている。日本でも、地域主導で行われてきた神戸市のポートアイランドにおける医療都市構想などは成功例として知られているが、知的クラスター政策、産業クラスター政策などは、その結果として世界に伍すとはいわないでも、それなりに成功しているものがどの程度残っているのであろうか？

8-1-2 it's OWL（東ヴェストファーレン・リッペにおける賢い技術システム）

それは、フクロウです？

現在活動中の15の先端クラスタープロジェクトの中でも、最近特に話題となるのが、ノルトライン・ヴェストファーレン州[5]に所在する、中世からの美しい街パーダーボルンを中心とする“it's OWL”というクラスターである。it's OWL は、「それはフクロウです」という意味ではなく、“Intelligente Technische Systeme OstWestfalenLippe”（東ヴェストファーレン・リッペにおける賢い技術システム）の略である。

4 Professor Horst Domdey.

5 首都はデュッセルドルフ。

キャッチーな略語を作るところは他と同じであるが、この標語の場合、現地の人も「オウル」とは発音せず、単に「オーヴェーエル」とドイツ語でのアルファベット音を発音するだけで、全く「フクロウ」の意味を感じさせないし、当人たちが感じているようにも思えない。ただし、西欧文化においてフクロウは知恵を比喩する言葉であり、ドイツ語にも"Eulen nach Athen tragen"[6]という日頃、よく使われることわざもあるので、考えた人は語呂合わせの結果に満足しているにちがいない。

この東ヴェストファーレン・リッペ地域は、石炭採掘と重厚長大産業で有名であったルール地域からみると、東側に位置する。一見、平和な丘陵地帯であるが、ドイツの他の地方にたがわず、ここにも隠れたチャンピオンの中堅企業がある。日本でもみかける食洗機のミーレ社、[7]PC制御機器で世界的にも知られているベッコフ社[8]などは、この地域に本社がある。また、森精機が提携した有名な工作機械メーカー・ギルデマイスター社も、この地域の会社である。知名度こそ高くないが、機械産業の集積地としてドイツ国内では2位[9]とされ、約300社の企業に5万人が雇用され、年間売上高は170億ユーロ（約2兆4000億円）に上るとされる。しかし、車窓から眺めていても、とてもそのようにはみえない地域である。

現実のプロジェクトでしっかり協力する専門大学、フラウンホーファー研究所

it's OWL の参加機関をみると、まず中核となるのは大学である。この地の総合大学パーダーボルン大学は情報科学に力を入れている。この大学には、この地に生まれ欧州におけるコンピュータの黎明期の指導者であったハインツ・ニックスドルフ[10]の名を冠した研究センターや記念館も存在し、コンピュータの歴史を物語っている。総合大学と並んで、ドイツの技術者教育を担う専門大学であるオストヴェストファーレン・リッペ専門大学が it's OWL を動かす中心の一つとなっている。

6　フクロウ（知恵と学問の女神の聖鳥）のたくさんいるアテネに守護神のフクロウを持っていく＝「余計なことをする」の意。

7　Miele.

8　Beckhoff Automation.

9　1位はシュトゥットガルトを中心としたシュバーベン地方。

10　Heinz Nixdorf, 1925–1986.

教育機関とともに不可欠なもう一つの存在がフラウンホーファー協会であり、この地域にあるフラウンホーファー研究所も事業の核となっている。これらに加えて地元企業が参加している。参加機関は現在、研究開発主体企業22社、研究機関・大学17機関となっている。さらに直接研究には参加しないが、ここでの成果の技術移転を見込んで賛助企業として参加している会員企業が80社ある。

この事例にみるように、ドイツにおける産学公連携を担う専門大学やフラウンホーファー研究所が現実のプロジェクトでしっかり協力していることがわかる。

クラスターでの協力形態

これらの機関がどのように活動しているかというと、まず、大学やフラウンホーファー研究所が中心となって基礎的な研究を行う。このようなプロジェクトが現在5つあり、「横断的プロジェクト」と呼ばれ、企業が主体となるプロジェクトの支援や、技術移転のための技術プラットフォームを構成する。具体的には、自己最適化、人間・機械間相互作用、インテリジェント・ネットワーキング、エネルギー効率化、システム・エンジニアリングの5つである。

これに対して企業は、基礎的な研究成果を活用しながら、自らが中心となったプロジェクトを推進する。これらは「イノベーション・プロジェクト」と呼ばれ、現在33を数えている。一例としては、PC制御メーカーであるベッコフ社がリーダーとなり、キッチンメーカーのノビリア社[11]などが参加する「高度なオートメーション技術による持続的生産」プロジェクトがあげられる。どのプロジェクトも政府予算を使っているので、当然のことながら前競争的段階の活動であるが、企業がリードするプロジェクトの場合は、成果として出てくる知的所有権の扱いなどを工夫しているものと思われる。このほか、技術移転を目的とするプロジェクトなど、全体をサポートするプロジェクトが8つあり、これらを合わせ

11 Nobilia.

て、全体としての it's OWL プロジェクトを構成している（図8・4）。

EUのプロジェクトにアプローチする地域の発展願望

it's OWL は、次に紹介するインダストリー4・0のための先端クラスタープロジェクトという位置づけになっているが、その将来構想も面白い。現在の先端クラスタープログラムは2012年から2016年までの5年間のプロジェクトであるが、地元ではその後、EUの進めている「ナレッジ・イノベーション・センター」[12]（KIC）に応募することを考えている。KICは耳慣れない略語であるが、これはEUがごく最近に始めたプログラムである「欧州技術・イノベーション機構」[13]（EIT）を構成するもので、KICの集合体がEITを形づくる。EITはその構想時、米国のMIT[14]の欧州版であるなどといわれていたが、難産の末、ある分野を決めたうえで、高等教育、インキュベーション、アントレプレナーシップを一体的に推進する組織[15]を作るということで最終的な構想がまとめられた。

EUでは2014年末までに気候変動、情報通信、持続的エネルギーにかかわる3つのKICを既に設立しており、核となる参加機関として29の高等教育機関、29の企業、25の研究センター、24の地方自治体と多くの学生が参加している。これはいわばイノベーションのためのバーチャルな高等教育研究機関である。

EUではこれまでの実績をふまえ、2014年に始まった、研究とイノベーションを推進する新たな7年計画である「ホライゾン2020」[16]において、EITに関する予算を10倍にしている。現在のEUの計画では、2018年に先進製造においてKICを募集する予定であり、it's OWL 地域としてはそれに応募し、この地域を欧州における先進製造分野の人材育成基地にしようとしていることがわかる。その試みが成功するかどうかは別として、このようなスケジュールをみると、EU加盟国とEUとのあ

12 KIC, Knowledge Innovation Center.

13 EIT, European Institute of Technology and Innovation.

14 マサチューセッツ工科大学。

15 これが1つずつのKICとなり、1つのKICも複数の大学、研究機関、企業などから成り立っている。

16 Horizon2020.

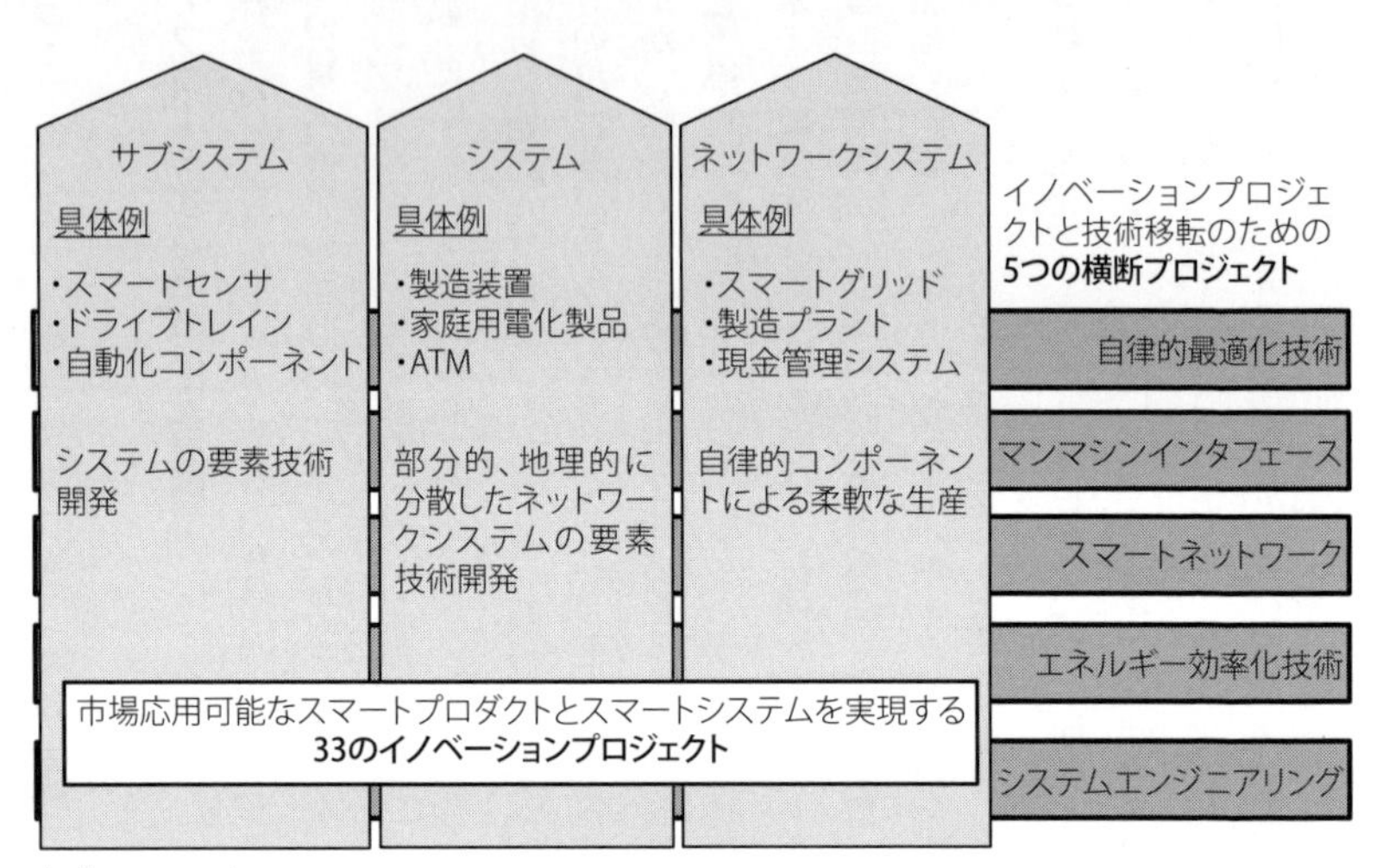

出典：its-owl.com

図 8.4　it's OWL- プロジェクト構成

うんの呼吸のようなものが感じられる。

8-2 イノベーション・アライアンス事業

産業界が5倍を負担する大規模な産学公連携事業

イノベーション・アライアンス事業も、ハイテク戦略に基づき連邦教育研究省の行う産学公連携事業であるが、とりわけ市場的、社会的に優先度の高い特定の応用領域、あるいは将来市場に狙いをさだめ、研究開発のためのコンソーシアムを組織して、助成を行うものである。選定にあたっての一律の基準はない。しかし、高いシナジー効果、政策目標への寄与、企業側の確実な遂行力が求められている。この事業では、産業界が連邦政府の支援に対して5倍を負担するので、よい絞り込みができるかどうかが極めて重要である。

この事業は2007年にスタートし、これまで、有機ＥＬ（エレクトロ・ルミネッセンス）の他に、有機太陽電池、医療工学用分子イメージング、カーエレクトロニクス、エネルギー貯蔵用リチウムイオン電池、カーボンナノチューブ、バーチャルテクノロジーなど9つのプロジェクトが実施されている（図8・5）。資金規模は平均して、連邦側が1億ユーロ（約140億円）を用意し、産業界は5億ユーロ（約700億円）を拠出している。つまり1億ユーロ分で大学や研究機関が基盤的な部分の研究を支援し、そこから生まれた成果、技術を産業界がパイロット・プラントや試作活動につなげていく仕組みである。９つのプロジェクトの総額は、政府側が6億ユーロ（約840億円）、産業側が30億ユーロ（約4200億円）以上と見込まれている。実施期間はプロジェクトによって異なり、3～7年である。

- EENOVA innovation alliance for automotive electronics（カーエレクトロニクス）
（連邦 1 億ユーロ、企業 5 億ユーロ）

- OLED initiative for energy-efficient lighting（省エネルギー照明）
（連邦 1 億ユーロ、企業 5 億ユーロ）

- Organic Photovoltaics for the use of renewable energy（有機太陽電池）
（連邦 6,000 万ユーロ、企業 3 億ユーロ）

- Lithium-ion Battery for the storage of Energy
（エネルギー貯蔵用リチウム・イオン電池）
（連邦 6,000 万ユーロ、企業 3 億 6,000 万ユーロ、ヘルムホルツ協会 1,500 万ユーロ）

- Molecular Imaging for medical engineering（医療工学用分子イメージング）
（連邦 1 億 5,000 万ユーロ、企業 7 億 5,000 万ユーロ）

- European Initiative 100 GET for network technologies
（ネットワーク技術に関するヨーロッパイニシアテイブ 100 GET）

- Carbon Nanotubes – CNT（カーボンナノチューブ）

- Digital products memory（デジタル・プロダクト・メモリー）

- Virtual Technologies（バーチャル・テクノロジー）

図 8.5　現在進行中のイノベーション・アライアンス事業

他のプログラムと比べ産業界の負担が多いため、景気動向によって新規プロジェクトのスタートが左右されることはあるが、一度参加すると、最後まで事業を遂行することを取締役会レベルで約束し、年報などでも公表することにより、事業完遂の義務を負う。政府との契約は大企業が代表して行うが、リスク軽減による中小企業への波及効果も期待されており、中小企業も参加している。コンソーシアムには外国籍の企業も参加しているが、ドイツで開発を行うことが原則である。ドイツ政府としては、製造業を持たない国は研究開発も弱体化することが経済危機の際に明らかになったと判断しており、研究開発から生産までのバリューチェーンはドイツ国内で一貫して実施したいという立場をとっている。

連邦教育研究省としては、このイノベーション・アライアンス事業はわずかな助成額で産業界から多くの資金を引き出し、また、実際に成果も出ているので、肯定的な評価をしている。

8-3 研究キャンパス

大学を実施場所とする新たな産学公パートナーシップ事業

研究キャンパスは、ハイテク戦略に基づき、連邦教育研究省が2012年にスタートした新たな産学公連携施策である。これは科学と経済界がより早期に、また緊密に協力することにより、将来出てくる課題を克服しようとするもので、中長期をにらんで、1つのキャンパスの下での産学公協力を実現する。テーマには、研究リスクがあるもののイノベーションにつながる可能性のある、複雑で多面的な研究領域を選んでいる。具体的には、感染症の新たな診断方法、エネルギー転換を支える電力供給システムの転換、材料開発、イノベーティブな製造技術などである。

これまで9つの研究キャンパスが選定されている。多くは大学に設けられ、まさに一つ屋根の下に大学、公的研究機関、企業の研究者が参加し、研究開発を行うとともに学生の指導も行う。研究だけでなく、実利用を念頭においた施設も設けられ、研究の段階から市場をにらんだ活動を行う。先端クラスター競争プログラムと異なり、この事業は基礎研究を担う大学に注目し、さらにその成果を実際に企業が研究開発し、一気通貫で基礎から応用までを1つのサイトで行うというものである（表8・2）。

支援の期間は15年

支援は産学公のパートナーシップで行う。連邦政府の支援は、途中に2回の評価はあるものの、最長15年間にわたり、毎年200万ユーロ（約2・8億円）を限度額として支援され、総額では最大3000万ユーロ（約42億円）となる。企業の寄与は金銭の提供ばかりではなく、研究人材の派遣と実費負担による。結果として助成金の100％が大学の研究に充てられることを目的としており、換算して助成金50％、企業の持ち出し50％程度になることが条件となっている。

日本の世界トップレベル研究拠点プログラム（WPI）は支援期間が10年（例外的に15年）となっている。また、教育活動は一義的な目的としていない。この研究キャンパス事業は、研究支援だけでなく、学生の教育を含む産学公連携を目的とした大学支援事業を、長期的・大規模に行う場合の参考となる事例である。

車産業を支援するシュトゥットガルト大学の研究キャンパス“ARENA2036”

研究キャンパスの一例としてARENA2036を紹介したい。最長の15年間ではなく、さらに先の2036年を目指したこのプロジェクトは、1886年のガソリン自動車誕生150周年を睨んで、次

表 8.2　研究キャンパス一覧

クラスター名称	大学	代表的な協力企業・機関	テーマ
ARENA2036	シュトゥットガルト大学	BASF SE, Daimler AG, Robert Bosch GmbH	持続可能な輸送と自動車生産
Connected Technologies	ベルリン工科大学	Telekom Innovation Laboratories, Connected Living e.V	スマートホーム研究
Digital Photonic Production	アーヘン工科大学	フラウンホーファー研究所	レーザー応用技術
Elektrische Netze der Zukunft	アーヘン工科大学	E.ON Energy Research Centers	持続可能なエネルギー技術
EUREF Mobility2Grid	ベルリン工科大学	Schneider Electric GmbH	エレクトロニクスモビリティ
InfectoGnostics	イエナ大学	Alere Technologies GmbH	感染源早期特定技術
Mannheim Molecular Intervention Environment (M2OLIE)	マンハイム大学病院	Siemens AG	分子医学と癌研究
Mathematical Optimization and Data Analysis Laboratory - MODAL AG	ベルリン自由大学	Konrad-Zuse-Institut Berlin, DB Fernverkehr AG	データシミュレーション
Open Hybrid LabFactory	ブラウンシュバイク工科大学	Volkswagen AG	自動車の軽量化研究
STIMULATE - Solution Centre for Image Guided Local Therapies	マグデブルグ大学	Siemens AG	画像診断ソリューション

出典：JST 研究開発戦略センター「科学技術・イノベーション動向報告～ドイツ～」

世代の自動車産業に必要なイノベーティブな研究開発を行い、世界におけるドイツの車産業の地位を長期的に維持、発展させようというものである。ＡＲＥＮＡは、「次世代自動車を考える研究現場」とでも訳せる"Active Research Environment for the Next Generation of Automobiles"の略称である。

２０１４年にスタートしたこのプロジェクトの主な狙いは、多機能性を持った軽量材料の開発と、どのような駆動方式にも対応できるイノベーティブな生産方式である。研究開発の現場としては、シュトゥットガルト大学内に州政府の資金で８０００㎡の「研究工場」を建て、ここに大学、フラウンホーファー協会のような公的研究機関、さらにはダイムラー、ボッシュ、ロボットの世界的企業であるＫＵＫＡ、化学会社ＢＡＳＦなどの企業からの研究者が集まり、理論、開発、設計、シミュレーションから実装までを同じ場所で一体的に行おうとしている。このプログラムのパートナーは、金銭的、人的、あるいは現物により貢献するとともに、それぞれの研究プロジェクトを持ちよることになっている。

この事例をみると、大学における基礎研究をベースに15年にわたる支援事業を展開するといっても、将来の国家的ニーズを十分に把握しつつ、同時に活動の成果を産業の中で実現させようという意図でプログラムを設計していることがわかる。

9 インダストリー4・0

9-1 インダストリー4・0は本当の革命か

成功したキャッチコピー

インダストリー4・0は、ドイツのエンジニアの意気込みを感じさせる政策である。このタイトルの趣旨は「第4次産業革命」である。第1次産業革命は18世紀の蒸気機関によるもの、第2次産業革命は20世紀初頭の電気の導入による大量生産、第3次産業革命は1970年代のコンピュータの導入による情報革命であるが、第4次産業革命は、モノとコンピュータのすべてがネットワークでつながった全く新しい社会の実現を指している（図9・1）。

ただし、この名称はドイツ政府が自らの政策をそう呼んでいるだけであり、学問的なものでも何でもない。ちなみに米国のGE社が「モノのインターネット」をベースとして2012年より力を入れているインダストリアル・インターネット[1]を説明する際には、ドイツのいう第1次産業革命を第1の波、第2次産業革命を第2の波というところまでは同じであるが、第3次と第4次産業革命にあたるところは第3の波と呼んでいる。

1 Industrial Internet.

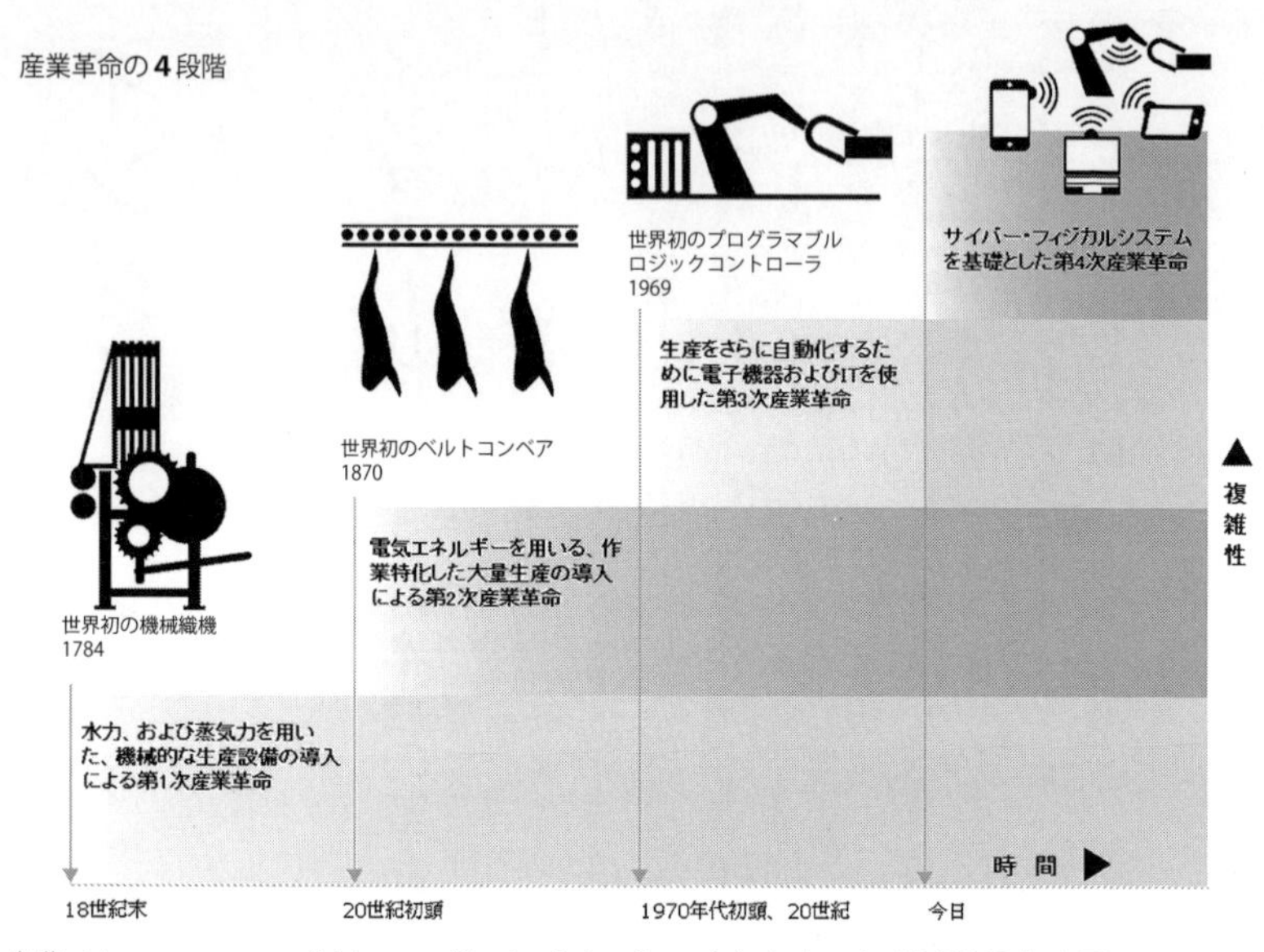

出典 : Umsetzungsempfehlungen für das Zukunftsprojekt Industrie 4.0/ 2013 年 4 月

図 9.1　第 4 次産業革命

狙いは、「つなげる」

それではこのインダストリー4・0の狙いはなんであろうか。実現しようとしていることは、デジタル化が進み、社会のシステムが根本的に変わっていくこれからの10年程度を想定し、ものづくりに関連するあらゆることを「つなげる」ことである。すなわち、

① 企業内で経営から現場までの情報の流れを一体化して、最適な状態で自律的な生産を可能にすること
② 企業間の情報も相互に流通できるようにして、さまざまなリソースの有効な活用をはかること
③ 製品が販売された後もその所在、状況を継続的に把握することにより、製品の部品の交換時期、製品全体の廃棄時、あるいはリサイクルまでフォローする、ライフサイクルマネジメントを可能にすること（バリューチェーンを長くすること）

である。

同じことを簡単にいえば、次のようになる。

① 企業内の経営から現場までの情報の流れをつなげる
② 自社と他社の情報をつなげる
③ 生産されるものに関する原料から廃棄されてリサイクルされるまでの情報をつなげる

ビジネスモデル、社会システムの変革

内容的には、１９９９年以来使われているモノのインターネット[2]という概念や、サイバー・フィジカル・システム[3]という２００６年以来、米国の国立科学財団が使っている考え方をベースとしており、これらを特に製造業との関係で際立たせたものといえる。したがって、ドイツのいう第４次産業革命は革

2 IoT, Internet of Things.
3 CPS, Cyber Physical System.

新的なビジネスモデル、あるいは社会システムの出現がテーマであり、必ずしも技術面でのイノベーションというわけではない。

しかし、実世界とバーチャル世界の融合に伴うビジネスモデルの変革は破壊的な力を持ち、それこそ革命と呼ぶにふさわしいものになるかもしれない。コンピュータの発達と、1990年代のインターネットの導入以来、私たちは常に情報化社会、知識基盤社会というような未来を予見する言葉を耳にしてきたが、情報通信技術の飛躍的発展に伴い、今こそ何かこれまでとは違ったことが起きそうだという不安定な気持ちを持つ人が多くなっている。そういう意味での社会システムの革命が起ころうとしている。

革命による変革を早期に感知する

それでは、その革命によってどのような変化が起こり、どのような世界が出現しようとしているのだろうか。誰にも簡単にわかるものではないだろうが、第1次産業革命を誘発した蒸気機関、第2次産業革命を引き起こした電気の登場がヒントになる。どちらの場合も、実用化が始まってから社会に定着し、人々の生活形態を根本的に変革するまで数十年の時間を要している。今回のデジタル化、デジタライゼーションも全く同じであり、ますますスピードを増す技術の発展が社会システムを変えるまでには、数十年を擁する世代の交替による、人々のマインドセットの完全な転換が必要なのではないかと指摘されている。

このような状況に国民が直面しつつあることをふまえ、そのための心構えを今からしておくように促すこと、より積極的にいえば、このような大変革を早い時期に感知することのできる人を増やすことが、インダストリー4・0を進めるドイツ政府の目的なのではないだろうか。インダストリー4・0は製造業と情報通信技術の融合、発展を扱っているが、ドイツ政府はこれに引き続き、「スマートヴェルト」（スマートな世界）というプログラムを発表・実行していて、社会全体のサービス業のデジタル化に備えた取組みを支援しようとしている。情報科学技術の進歩による実世界とバーチャルな世界の融合のメリットは、これまで消費者やメディアが裨益していたが、これが製造業に及び、さらには健康・医療、人やモノの移動、エネルギーや社会インフラシステムにも関係し始めていて、今までは関係の薄かったこれらのシステムを変革していくのも、ある意味、時間の問題ではないかと思われる。自分は関係ないと考えている中小企業、教員、介護関係者、地方公共団体の職員などが当事者となる日も近い。

デジタル化の急激な進展に伴い社会システムが変わることには、議論の余地がない。しかし、それを受け身でとらえるのか、すなわち変化するものに対応していくのか、あるいは積極的に新しく浮かび上がってくるデジタル社会の構築に自ら参画して、自らにも都合のよいように作っていくのか、どちらを取るのかにより、来たるべき世界での我々の住み心地は全く違うのではないだろうか。オックスフォード大学の調査によれば、米国の現在の仕事の47％は10～20年後に消えるリスクにさらされているという。しかし、同時に新しい仕事、ビジネスも誕生してくるはずである。それこそがドイツ政府のいうビジネスモデルの変革ということなのではないだろうか。

見込まれる付加価値創出額

さて、インダストリー4・0は自らの戦略を二重戦略と称している。これは、他国における未来の製造業の製造システムをドイツから輸出するとともに、ドイツ国内における未来の産業自体の立地も促進しようという、はたからみると欲張った政策である。製造システムを輸出するということは、製造システムの根幹をなすノウハウはドイツに維持し、システムへのサービスを産業として確立しようということであろう。ドイツの報告書によれば、インダストリー4・0により2025年までの間に、化学、自動車、機械、電機、農業、情報通信という6つの産業分野における付加価値創出額は毎年1・5％ずつ増大することを想定している。

また、2015年4月に発表されたボストン・コンサルティング・グループの5～10年後の予測は次のとおりであり、製造業での雇用者数も増加することを想定している。

・ドイツ全体で年間900～1500億ユーロ（約13～21兆円）のコスト削減効果（加工費の15～25％）

・年間200～400億ユーロ（約2兆8000～5兆6000億円）の売り上げ拡大（GDPの1％）

・製造業の雇用者数39万人増（2015年の製造業雇用者数の6％）

どんな事例を想像すればよいのか、閉じた世界では既に実現している？

では具体的には何が実現するのであろうか。事例としては、操業休止時の工場設備のエネルギー需要の削減、原材料や部品の供給が途絶えた場合に、世界中から即時に代替物を供給できるシステムの実現などが挙げられている。また、現代世界の最もポピュラーな工業生産物である自動車は、現在、少ない品種のものが大量生産で作られているが、将来は一台一台異なった仕様の車を今と同じスピードで生産することが実現する。マスプロダクションではなく、マスカスタマイゼーション（多品種大量生産）への進化である。例えば、フォルクスワーゲンの車にポルシェのシートのついた車というように、一台一台、全く異なる車が自律的[4]に今の大量生産と同じスピードで生産されるというわけである。

このような説明を日本でするると、そんなことは日本のどこかの工場で既に実現している、という反応

4　製造される対象物が、加工する機器、装置を選んで進んでいく。

が返ってくるのが常である。しかしそれは特注品の装置を注文できる大企業が自社の中という閉じた空間で実現しているだけで、誰もが導入できるわけではないので、中堅・中小企業にとっては実現は容易ではない。企業の製造現場では、センサや製造装置の間でリアルタイムでの交信が要求されるが、そのような通信についての統一的な規格はなく、いわば群雄割拠の状態となっている。しかも、そこに日本の企業の強さはない。もちろん三菱電機や安川電機の開発した通信インタフェースは、国内や我が国の企業の海外工場ではポピュラーであるが、世界ではそうでもなく、米国、あるいはドイツであればシーメンス社やベッコフ社、場合によってはＳＡＰ社のソフトウェアが力を持っている（図９・２）。

インダストリー４・０ではこのような問題意識をふまえ、グローバルに活躍するドイツの中小企業が、特注品に頼ることなく世界中の製造装置を組み合わせて使えるようにするとともに、企業における現場とマネジメント層のソフトウェアがつながる環境の実現を目指している。結果として、受発注工程、製品開発工程、設備開発工程、技術開発工程におけるソフトウェアが生産現場からみて一体的に使えることにより、生産現場におけるサイバー・フィジカル・システムの実現を目的としている（図９・３）。

つながる工場の実現を目指す人工知能研究所チュールケ教授

現実に、インダストリー４・０の実例としての「つながる工場」というのをみてみたくなる。スマートファクトリーとも呼ばれることもあるが、その実現に今世紀初めより携わっているのが、ドイツ南西部の小都市カイザースラウテルン市にある、人工知能研究所のチュールケ教授である（図９・４）。カイザースラウテルン市は２００６年のサッカーのワールドカップの際、日本選手団が宿泊し、第１戦を戦った町として日本では一部の人には知られているが、人工知能研究所は、この分野では世界に知られた研究所である。

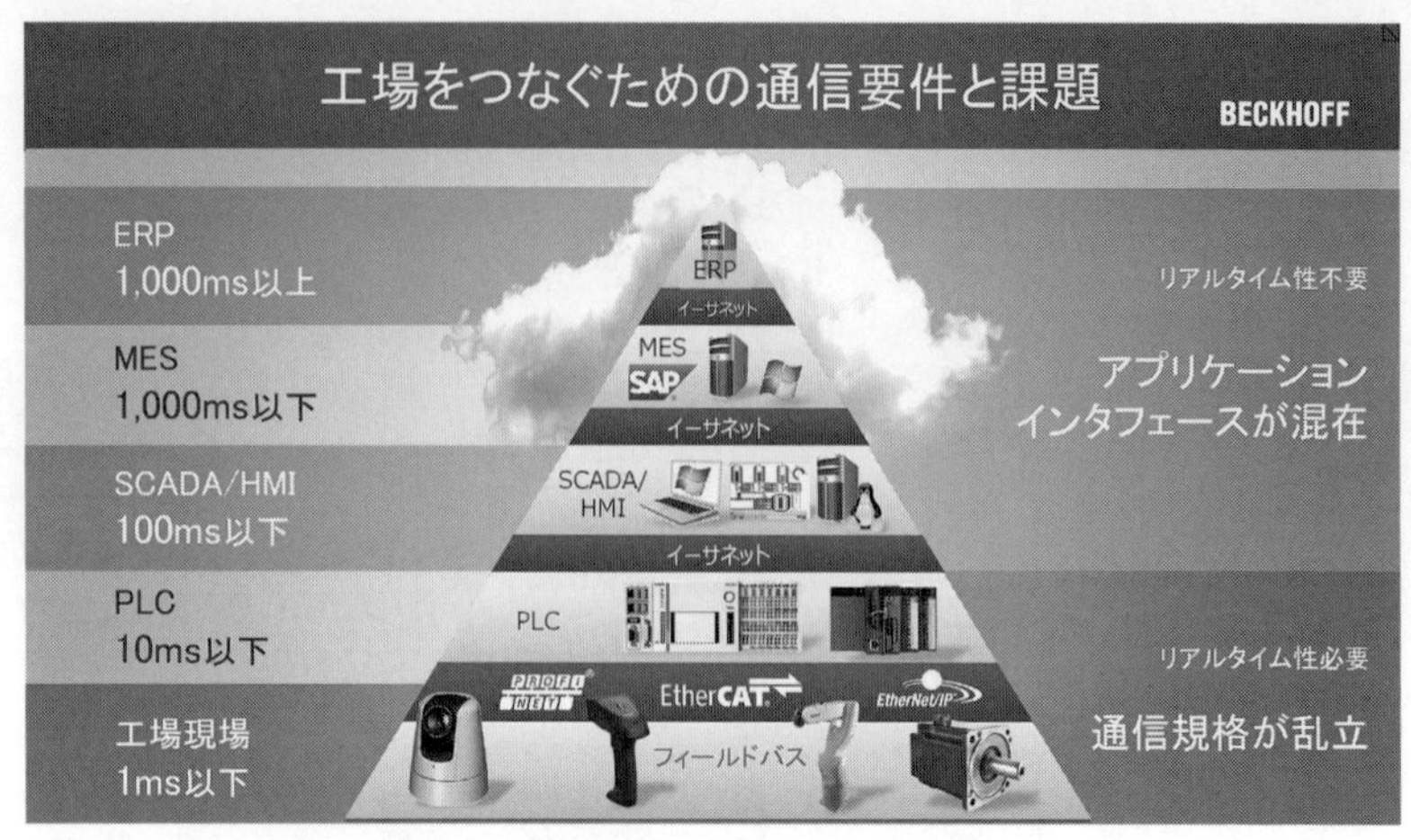

出典：ベッコフオートメーション株式会社　川野俊充氏

図 9.2　工場をつなぐための通信要件と課題

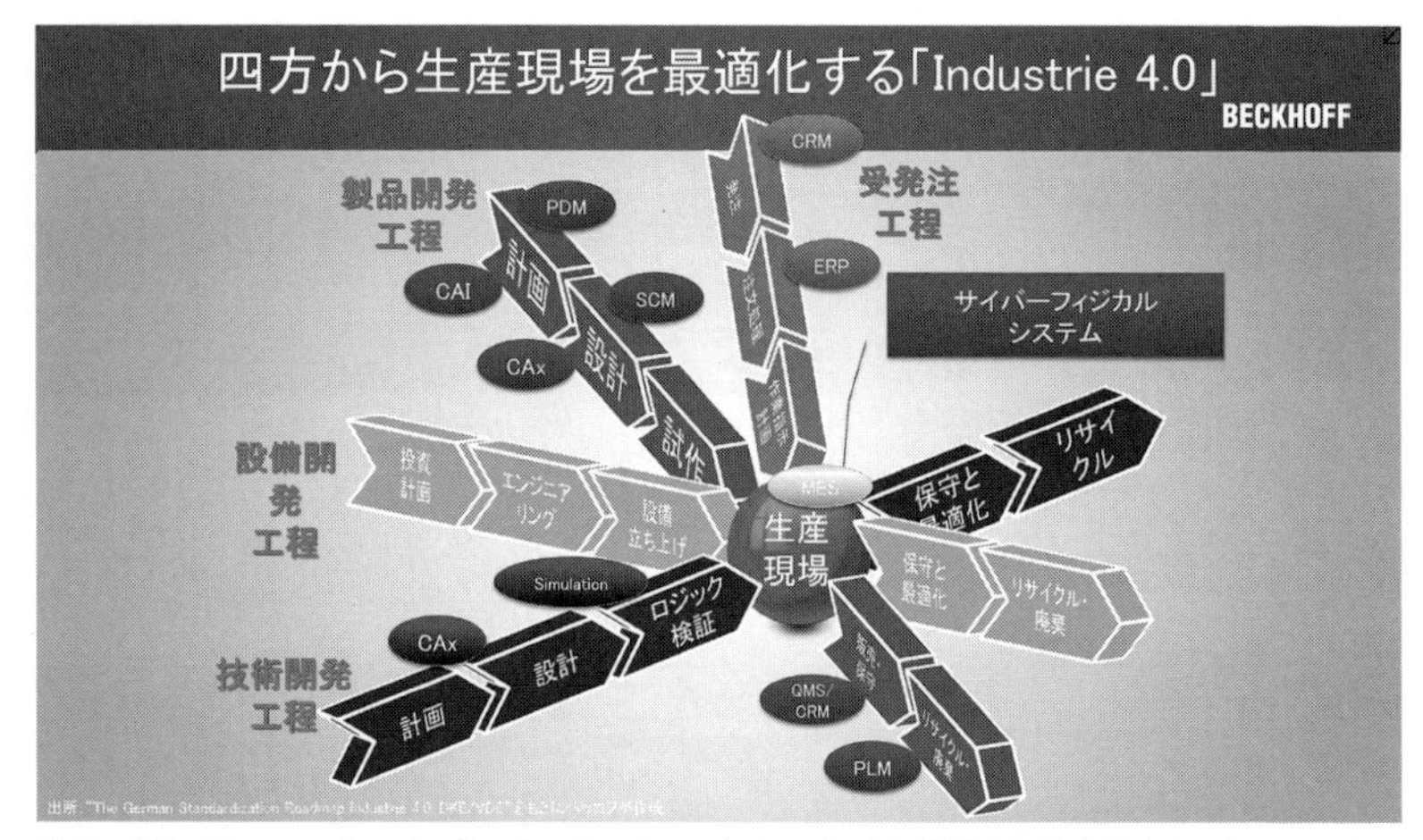

出典："The German Standardization Roadmap Industrie 4.0, DKE/VDE" をもとにベッコフオートメーション株式会社が作成

図 9.3　四方から生産現場を最適化する「Industrie4.0」

当地のカイザースラウテルン工科大学では、2002年にユビキタス・コンピューティング[5]を重点分野に設定していた。チュールケ教授は2004年、スマートファクトリーを実現するためデモンストレーション施設を作ろうと考えたが、当時、大学では大きな産学公協力はできないことがわかったため、早速、隣接している人工知能研究所をベースとして行動を起こした。

ドイツの産学公連携の一つの形　アン・インスティテュートの実例

この人工知能研究所はドイツの産学公連携の形態を語る上で欠かすことのできない成立形態である、アン・インスティテュート[6]と呼ばれるものである（図9・5）。ドイツ語でアン（an）とは、「そば、隣」という意味であり、まさに大学の敷地内、あるいは隣接地に設けられる、大学とは別組織の研究所である。多くは大学教授によって運営され、企業との共同研究を行うことを目的として作られることが多く、ドイツの大学の近辺にはかなり多くのアン・インスティテュートが存在している。この形式の研究所は非営利有限責任法人として設立されることが多く、利益はすべて研究開発に投資される。

チュールケ教授の設立した法人 SmartFactoryKL

チュールケ教授は人工知能研究所で革新的な工場システム[7]を担当し、研究成果の工作機械産業への応用を目指している。教授は2004年に産業界に声をかけ、2005年には“SmartFactoryKL”[8]という公益的な法人を設立して、人工知能研究所の中に最初の施設を作った。こうみるとチュールケ教授は、大学で授業をし、人工知能研究所で研究をし、設立した団体でデモンストレーションと技術移転を行うという1人3役の活動をしていることになる。いずれにしろ、教授はインダストリー4・0のコンセプト発表よりずっと早い時期に活動を開始しており、まさにビジョナリーな人ということになる。ちなみ

5　Ambient Intelligence.

6　An-Institut. 第2部7－3参照。

7　Innovative Factory Systems.

8　KLはカイザースラウテルンの略。

図 9.4　レゴを使ってスマートファクトリーを説明するチュールケ教授

ドイツ人工知能研究所（カイザースラウテルン市）。写真外の左はカイザースラウテルン工科大学、右手前にフラウンホーファー研究所という配置

図 9.5　ドイツ人工知能研究所（設立形態はアン・インスティテュート）

にインダストリー4・0の名づけ親は、この人工知能研究所のバールスター所長、第2部13－2で紹介するドイツ工学アカデミーのカーガーマン会長、連邦教育研究省のルーカス局長の3人ではないかとささやかれている。

ハノーバー見本市

さて、2015年4月に開かれた、世界的に有名な産業見本市であるハノーバー見本市は、インダストリー4・0一色であった。しかし、製品をインターネットにつなげただけでインダストリー4・0と称しているようなブースも多く、実際に、異なる企業の製造設備をつなげて実演するという「つながる工場」の展示は少なかった。つながる工場は、製造会社の異なる複数の設備を自律的につないだり、切り離したりして、リアルタイムに発注に対応、生産することを可能にするものである。

SmartFactoryKL の展示

ハノーバー見本市における Smart FactoryKL の展示（図9・6）は、まさにつながる工場の実証といえる。工程は左側のＰＩＬＺ社の装置から始まる。これは作成するホルダーを運ぶ運搬部分[9]を制御し、注文に応じてこの運搬部分をコンベアーに投入する。次の FESTO 社の装置では、ここにきた運搬部分にホルダーとなるものの部材の一部をのせ、制御装置と通信してどのような工作をほどこすかを受信し、部材はそれに応じて彫り込みを受ける。次の Rexroth 社の装置ではもう一つの部材と張り合わせる。次の HARTING 社の装置では、さらに蓋の部分との結合を行い、この際、選択した色に彩色される。さらに PHOENIXCONTACT 社の装置では、この蓋の部分にレーザーで所有者の名前やＱＲコードを刻印し、最後に LAPPKABEL 社の装置で品質検査が行われるという手順である。SmartFactoryKL の

9　小さな台車のようなもの。

装置（右手前）は撮影時点では全体の中に組み込まれていないが、説明によればHARTING社のものと組み合わせて使うようになっている。

これらの装置をつなぐものはモジュールと呼ばれ、ハノーバー見本市では図9・7にみるような透明な床板の下をケーブルがはっていて、その先端をモジュールにつなげば、隣の異なる会社の装置と通信でき、ベルトコンベアーが行き来できるようになる。このモジュールは、通常は本体装置のところに置いてあるが、見本市では観客にケーブルでの接続部分をみせるため、わざわざこのような形で展示しているとのことであった。このモジュールは、研究開発用途だとは思われるが、既に市販されているとのことである。

なお、インダストリー4・0の定義は、「つなげる」という考え方を示しただけなので、現実には、インダストリー4・0の名称のもとにさまざまなことが行われうる。SmartFactoryKLの試みもその一部だし、米国のGE社のようにタービン内部につけたたくさんのセンサーから常に情報を収集して、保守、修理などを行うサービスもインダストリー4・0の実現ともいえ、アーヘン工科大学も同じようなことに取り組んでいる。したがって、今後、何年かのうちにインダストリー4・0の扱う範囲もより具体的になり、何をもってインダストリー4・0というのかが明らかになってくるのではないかと思われる。しかし、もしかすると、インダストリー4・0を飛び越えて、もっと新しい概念が出てきているかもしれない。

これからの重要課題は何か—まずは標準化

では、そのようなモノとバーチャルが一体となった産業を先導するための戦略では、何が最も重要な課題と考えられているのだろうか。ドイツでの調査によれば、標準化がまっさきにあげられている。現

図 9.6　ハノーバー見本市における展示（スマートファクトリー・デモ装置）

図 9.7　ハノーバー見本市で展示された Smart FactoryKL モジュール

在この分野では、世界的なインターネットソフトウェア、情報通信技術のサプライヤーである米国と、インターネット関連デバイスの製造では世界有数であり、かつ工作機械の巨大マーケットである中国の間にあって、ドイツは工作機械の輸出では世界をリードし、企業向けソフトウェア開発でも優れており、優位なポジションにいる。今後も世界をリードしていくためには、技術標準を握ることがインダストリー4・0の成功であると考えられている。

次にセキュリティ

これからの10年間を考えると、標準化の他にも数々の課題がある。セキュリティの確保、新たな規制のあり方、新たな専門教育のシステムなどは、必ず直面する課題である。中でもセキュリティはクリティカルであり、ドイツでは過去2年間にほぼ3分の1の企業が情報通信システムへの攻撃を経験しているとの発表が連邦教育研究省からもされていて、セキュリティの確保なくしてインダストリー4・0を推進することはできない。

先日も米国でクライスラーの車がハッキングされ、カーナビゲーションの画面に突然ハッカーがあらわれ、運転操作ができなくなる事態が報道されていたが、このようなことが起こっては利用者の信頼を得ることができない。セキュリティは新しい分野であるためまだ専門家が少ないことと、そもそもオープンにしにくい情報が多いという2つの事情があるが、何とか克服しなければならない本質的な課題であることは確かである。連邦政府は2015年に「デジタル世界における安全と自己決定」というプログラムを発足し、2020年までに1億8000万ユーロ（約250億円）を投入し、安全で信頼できる情報通信システムと、プライバシー・データ保護に寄与する新たな技術の開発を促進することにしている。

政府による推進のためのプラットフォーム、「場」づくり

インダストリー4・0の運営については、2013年4月に連邦教育研究省の審議会「研究連盟　産業と科学」とドイツ工学アカデミーが共同で発表した実施提言書に基づき、「ドイツ情報経済・電気通信・ニューメディア産業連盟」（BITKOM）、「ドイツ機械・装置工業連盟」（VDMA）、「ドイツ電気技術・電子産業連盟」（ZVEI）という3つの業界団体が共同して、インダストリー4・0推進のためのプラットフォームを作っている。プラットフォームというのは字のごとく、「場」である。このように縦割りを排して、主要業界団体や政府が一緒になって1つの事業を推進するため、関係者が会い、議論し、ネットワークを作り、協力方法をみいだす「場」作りにドイツの官民はことのほか熱心であり、そのためには資金も惜しまない（図9・8）。

標準化によるイノベーション

このプラットフォームでは、マネジメントから始まり、現場の製造機器を操作するソフトウェアを含めた全体の規則を参照アーキテクチャとして統一していくことを目的として、さまざまな部分で標準化の作業にも着手している。標準化のために12の部会を作っているが、その第1部会はシステム・アーキテクチャを対象としている。第8部会では、人間の機能と役割についてのレファレンスモデルを対象としており、作業の幅広さがみてとれる。

作業の順序としては、まずEUを固め、それを国際機関に提示していくことになる。国際化に伴う標準化の仕事は重要であるが、ドイツでは中小企業の参入を促すためにも必要であるとされている。ドイツの中小企業は輸出も多く、グローバルに活躍しているので、これらの企業がインダストリー4・0の成果を早期にとりこむことにより、ドイツの産業競争力の維持、拡大を図るという戦略である。それも

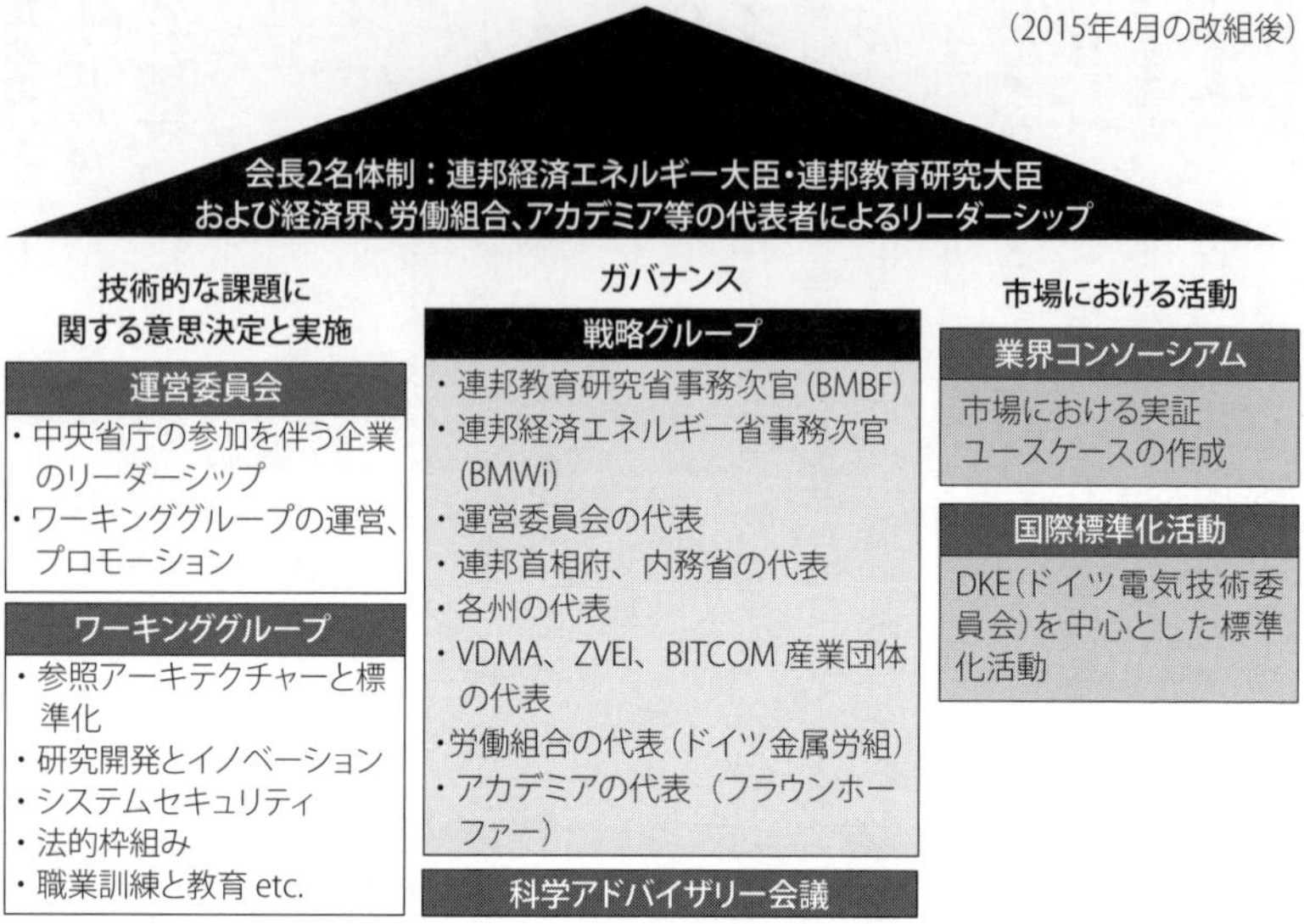

（2015年4月の改組後）

会長2名体制：連邦経済エネルギー大臣・連邦教育研究大臣
および経済界、労働組合、アカデミア等の代表者によるリーダーシップ

技術的な課題に
関する意思決定と実施

運営委員会
・中央省庁の参加を伴う企業のリーダーシップ
・ワーキンググループの運営、プロモーション

ワーキンググループ
・参照アーキテクチャーと標準化
・研究開発とイノベーション
・システムセキュリティ
・法的枠組み
・職業訓練と教育 etc.

ガバナンス

戦略グループ
・連邦教育研究省事務次官 (BMBF)
・連邦経済エネルギー省事務次官 (BMWi)
・運営委員会の代表
・連邦首相府、内務省の代表
・各州の代表
・VDMA、ZVEI、BITCOM 産業団体の代表
・労働組合の代表（ドイツ金属労組）
・アカデミアの代表（フラウンホーファー）

科学アドバイザリー会議

市場における活動

業界コンソーシアム
市場における実証
ユースケースの作成

国際標準化活動
DKE（ドイツ電気技術委員会）を中心とした標準化活動

BITCOM：ドイツ情報経済・電気通信・ニューメディア産業連盟
VDMA：ドイツ機械・装置工業連盟
ZVEI：ドイツ電気技術・電子産業連盟

出典 : Umsetzungsstrategie Industrie 4.0 / 2015 年 4 月

図 9.8　インダストリー 4.0 プラットフォーム

あってか、ドイツでは「標準化によるイノベーション」という言いまわしもよく聞く。

取り組むべき戦略的領域

この産学公の協力のためのプラットフォームは、2015年4月に体制が強化され、会長に連邦経済・エネルギー大臣と連邦教育研究大臣が就くとともに、リーダーグループに経済界、学界ばかりでなく、労働組合の代表も入るような、まさに国をあげての取組みになってきている。プラットフォーム改造の直前に、以前のプラットフォームはそれまでの調査研究成果をとりまとめて、再度インダストリー4・0実施のための提言として発表している。それによれば、インダストリー4・0の取り組む戦略的領域として、以前の実施提言書から次の8つの領域を引き継いでいる。

① 標準化：参照アーキテクチャのためのオープンな標準によって企業間の枠組みを超えたネットワークを構築し、バリューチェーンの統合を可能にする
② 生産の自動化とサイバー・リアルの統合化
③ インフラ整備：安全で堅牢な高速インターネット網
④ 工場内の安全（Safety）と情報セキュリティ（IT-Security）
⑤ インダストリー4・0における働き方の定義と組織の構築
⑥ 高度にデジタル化した社会に必要な人材の育成と、高齢化し不足が予想される熟練労働者を補完する技術
⑦ 法的整備：とりわけEU域内での統一的な規制と法律の策定
⑧ リソースの負担軽減：人的、経済的リソースだけでなく、エネルギー、素材等すべてのコストに関わる資源を減らし、競争力を維持

また、実行戦略としては、アカデミア、企業、研究開発機関、ならびに中小企業が連携することによるインダストリー4・0の早期実現のため、①研究・イノベーション、②参照アーキテクチャ・標準化、③システムの安全性の3つを柱とした戦略を策定するとともに、法律や規制の整備を含めたロードマップを発表している。

日本でインダストリー4・0が騒がれるわけは?

さて、この章のはじめでふれたように、モノのインターネット（IoT）やサイバー・フィジカル・システム（CPS）という表現は何年も前から使われており、概念だけでなく現実にもかなり重要なことであったにもかかわらず、日本全体を騒がせるほどにはなっていなかった。しかしドイツがインダストリー4・0という政策を打ち出した途端、我が国や中国を大きく騒がせる話題となったのはなぜであろうか。

いまや欧州においては、ドイツの一人勝ちという表現も出るほどドイツの経済力は強くなっている。もちろんこれは必ずしも研究開発能力だけによるというものではなく、財政金融政策、通貨政策、労働政策、外交政策などさまざまな政策による総合的な結果であろう。しかしながら、ドイツの製造業における生産性向上がその一因をなしていることは疑いがない。インダストリー4・0は、そのドイツが製造業について取り上げた未来に向けての戦略であるからこそ、世界で話題になっているのであろう。

日本の場合は、ドイツと並んでものづくりでは世界をリードしているという自負心もあることから、ドイツが製造業で何か新しいことをするというニュースが入ってくると、日頃ドイツのニュースはあまり話題にならないにもかかわらず、産業界が強く反応することになった。

社会構造の理解が不可欠―輸出と中小企業

しかし、政策を理解するためには、まずその政策を必要としている社会の構造を理解する必要がある。一般的な理解では、日本とドイツの社会的背景には類似性がある。ドイツは日本ほどひどくはないが人口構成をみるとやはり少子高齢化になっていて、今後は労働人口の減少が見込まれている。また、原子力発電をとりやめることに伴う、エネルギーをはじめとする資源の供給にも問題がある。さらに産業の海外移転、新興国の技術力や産業競争力の強化、グローバル化による絶え間ない市場変化、需要に応じた個別、個人対応が求められる生産への変化など、ほとんど同じような問題に直面している。

このような中で日本とドイツの事情で大きな相違があるのは、輸出の位置づけと中小企業の役割の重要性である。既にふれたところではあるが、ＧＤＰに占める輸出の割合は、日本の14・6％に対して、ドイツは39・2％と日本の2・7倍となっている。もちろん、国境を接してつながっている欧州地域への輸出がその6割程度を占めるという事情はあるが、輸出は輸出であり、基本的に言葉の異なる国の人々と取引しなければいけなくなる。日本のＧＤＰはもちろんドイツより大きく、２０１３年の名目ＧＤＰでみると日本はドイツの1・3倍となっているにもかかわらず、製造業である機械・輸送・化学の分野の輸出額でみるとドイツは日本の1・8倍を輸出している。さらに付言すれば、この巨大な輸出額のうち中小企業の占める割合がドイツでは28％であり、日本の8％を大きく離している（図7・1）。

したがって、インダストリー4・0にはグローバルに活躍するイノベーティブな中小企業を支援するという観点が大事であるが、日本ではそもそもイノベーティブな中小企業への支援が大きな政策課題として認識されているのであろうか。そのような中小企業を数多く輩出し、世界で活躍させるために、日本の中小企業政策は「つぶれそうな可哀そうな企業を救う」という政策から脱皮する必要がある。

オープンイノベーションを理解できないと…

もう一つ気にかかることがある。「他の企業ともつながる」というインダストリー4・0の考え方は、基本的にオープンイノベーションの考え方をベースとしている。もちろん、ありとあらゆるものをオープンにするということではなく、企業にとってコアな部分は守り、アウトソースしたり、外部とつながることでより付加価値を生むことができる部分をオープンにするという意味である。オープンイノベーションの利点は、あちこちで現れる新たなイノベーションの成果をどんどん取り入れ、常によりよい、世界をリードする製品を作ることが可能になるという点であり、これからの世界ではその傾向がどんどん加速していく。

しかし多くの日本の企業の場合は、情報システムをみるとわかるが、まだまだ自分の会社だけで閉じていることが多く、情報システムがカスタマイズされていて、外部とすぐにはつながらない。このままでは、これから来る新しいネットワークの時代に適合することができなくなり、日本におけるイノベーション活動全体を危機に陥れる可能性がある。

9-2 インダストリー4・0のもたらす問題の本質

システムの転換、革命と時間

情報通信技術の進展に伴い間近にしのびよる社会システムの革命は、蒸気機関による革命や電気による革命と同様に、10年、20年、30年という時の経過を伴いながら、あるいは今回はもっと急速に、製造業、農業、流通、教育、文化、国際関係など、あらゆる社会システムの完全な転換をもたらすことになる。しかし、ラダイト運動ということではないが、蒸気機関車の駅を町はずれに建てさせたように、革命が現実のものとして受け入れられるまでには、世代を超えてのマインドセットの転換が必要なのかもしれない。

雇用への影響は？ 価値の生まれる場所が移動

誰もが関心を持つことは、当面の雇用への影響である。コンピュータの進化による米国の労働市場への影響を調べたオックスフォード大学のFreyとOsborneの調査によれば、10～20年以内にコンピュータに置き換わる危険度の高い雇用は47%とされている。交通、物流、事務・管理支援、製造、販売、建設などで、例えば交通は、自動運転の普及による代替というような理由である。これに対して危険度が低いとされる雇用は33%で、自己発展努力を伴う（社会的賢さを要する）一般業務、アイデアと創作物に携わる専門業務、教育、健康管理、メディア、法曹などである。

では、悲観的になる必要があるかというと、そんなことは全くない。情報通信技術の爆発的な進歩により、価値の作られるところがシフトし、当初はニッチであっても新しい産業が生まれやすくなるともに、その新しい産業への参入コストは明らかに低下する。それではどこで価値が作られるようになるのかというと、「モノ」から「サービス」へ、「サービス」から「エコシステムでの関係性の中で」といわれているように、現在の私たちは大きな変化の波の中にいる。「関係性の重視」ということになると、顧客とのつながり、顧客からのデザイン・イン、すなわち顧客にとっての価値が不可欠な要素となる。

一例をあげると、ドイツではこの1年、カー・シェアリングが猛烈な勢いで普及し始めている。出張先でスマホで検索し、近くに自分の好みの車があれば、必要なところだけで乗り、好きなところで乗り捨て、後で課金されるというもので、既にアプリを入れている人も多い。結局、車がモノとしての所有の対象ではなくなり、我々の求めるものが「移動サービス」に移りつつある中で新しい価値が生じてきたということである。米国ではウーバー[14]の自動車の配車サービスが脚光を浴び、いま世界中に広まっている。

14 Uber.

アントレプレナーと発想力のある人を大切に

新しい価値創造の波に入り込むためには、アイデア、それもゲーム・チェンジを引き起こすようなアイデアが決定的に重要である。同時にアイデアを現実のものとするソフトウェア作成能力が不可欠である。そのうえで新しくできてくるシステムのダイナミクスの理解能力が問われてくる。そのためには、若い人をはじめとして、外国人、女性などを含め、異なった考えを持つ人が自由に活動できる環境を作らなければならない。それとともにアントレプレナーが活躍できる世界になるので、スタートアップの支援も決定的に重要になっていく。このことを国をあげて実行できるかどうかが、今後の世界各国の国力のランキングを左右していくことになる。

10 ドイツの研究所群

線上に並ぶ４つの研究所群

ドイツの研究システムの特徴の一つであり、誰でもすぐに気がつくことは、４つの大きな研究所のまとまりがあるということである。既に一部、ふれてはきているが、いわずとしれたマックス・プランク協会、フラウンホーファー協会、ヘルムホルツ協会、ライプニッツ協会の４つである。

研究イノベーション専門家委員会（ＥＦＩ）レポート（２０１２年）にも記載されているように、論文数と特許件数の関係で表すと、それぞれの研究機関は図10・1のような位置関係になる。やはり、基礎研究に強いマックス・プランク協会は左上に、産学公連携に強いフラウンホーファー協会は右下に位置し、その間にライプニッツ協会、ヘルムホルツ協会と並ぶことになる。この中にあって大学はちょうど中間地点に位置し、活動の規模もそれなりに大きいことがわかる。

マックス・プランク協会とフラウンホーファー協会については既に紹介しているので、ここではヘルムホルツ協会とライプニッツ協会の特徴を紹介することにしたい。

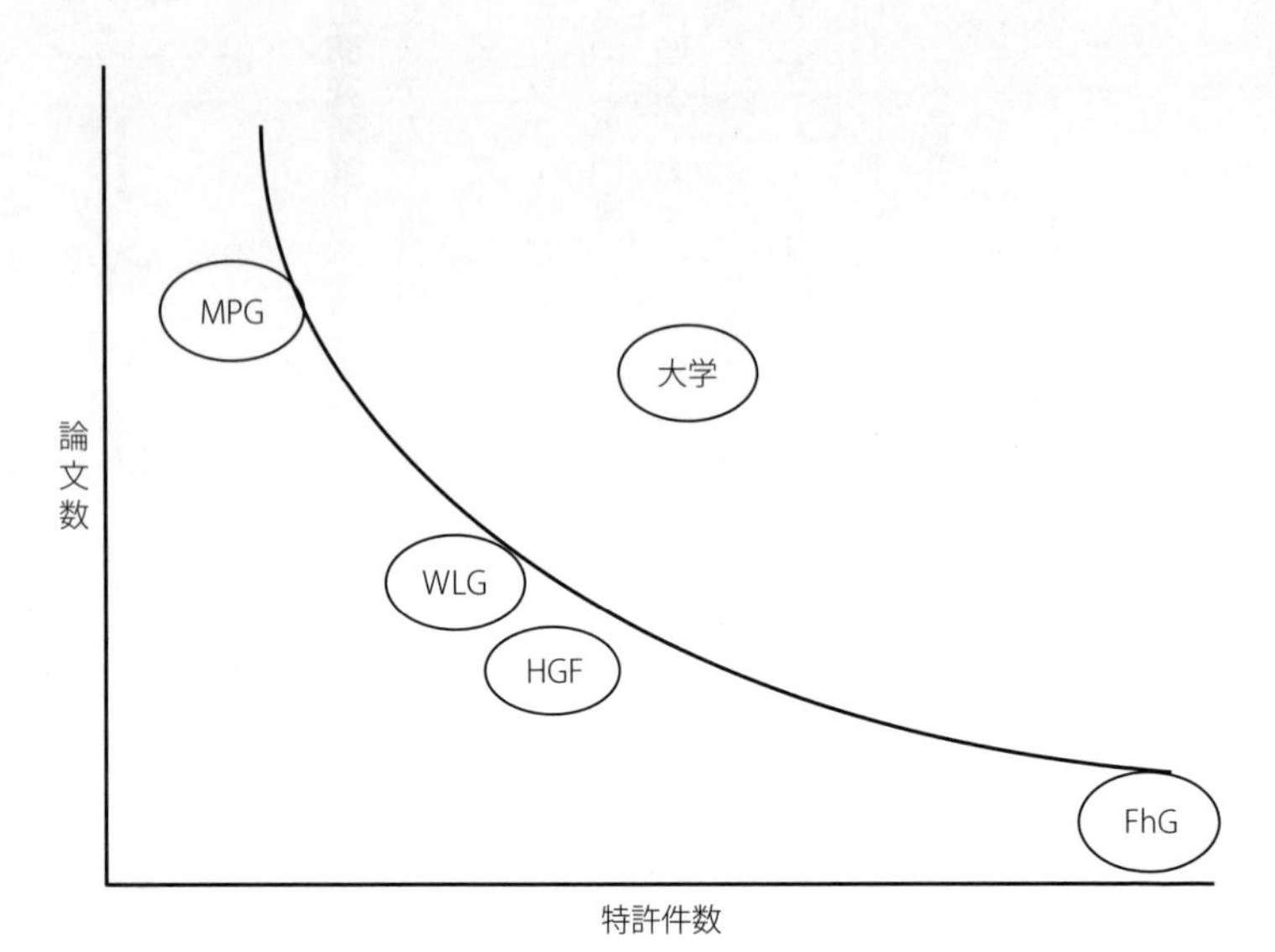

MPG：マックス・プランク協会
FhG：フラウンホーファー協会
HGF：ヘルムホルツ協会
WLG：ライプニッツ協会
出典：ハルホフ EFI 委員長作成

図 10.1　ドイツの４研究団体の特徴（論文と特許）

10-1　ヘルムホルツ協会ドイツ研究センター

巨大研究所群が智者のアイデアにより一つの協会に

ヘルムホルツ協会は、マックス・プランク協会やフラウンホーファー協会と比べるとその歴史は浅い。ヘルムホルツ協会が設立されたのは、今世紀に入って直後の2001年である。この協会は日本でいえば宇宙航空研究開発機構、海洋研究開発機構、日本原子力研究開発機構、国立がん研究センターのような、連邦政府が大きな予算を拠出する、大規模な研究機関が構成メンバーとなっている。なぜ、この協会が設立されたか。それは、このような大規模な研究機関に対する批判が出てきたことと、研究機関側に頭のよい知恵者がいた、という両面から説明できる。

ドイツの大規模研究機関は以前より、大規模研究機関共同体[1]という、いわば情報交換のための緩い組織を立ち上げていた。しかし、1990年の東西ドイツ統一で状況が一変した。旧東ドイツ再建のための資金が巨額になり、旧西ドイツ側の大型研究機関は、2000年まで断続的に政府資金の投入が減らされた。一方、マックス・プランク協会、フラウンホーファー協会やライプニッツ協会は、旧東ドイツ地域の研究所が加わったことで、逆に政府からの予算が増えることになった。

このような状況にあたりどうすべきか、大規模研究機関側も相当に悩んだものと思われるが、突然にすばらしいアイデアが浮かびあがった。当時、ユーリッヒ研究所、カールスルーエ研究所[2]、航空宇宙研究所、電子・シンクロトロン研究所、極地・海洋研究所、がん研究センターなどは、各々が有限責任法人としての法人格を有する機関であったが、共通の悩みを持つこれらの機関が選択した方策、それは大規模研究機関同士の結びつきを強化し、すべての機関の予算を統合するということであった。

1　AGF, Arbeitsgemeinschaft der grossen Forschungszentren.

2　両研究所とも以前は原子力研究開発のメッカであった。

どんなアイデアか

新しいシステムではまず、すべての大規模研究機関の予算を、①エネルギー、②地球・環境、③健康、④キーテクノロジー、⑤材料構造、⑥航空・宇宙・交通という6つの大きな社会的課題の解決に対応した研究領域に沿った予算に組み換えてとりまとめ、政府に対する予算の要求も、統一的にヘルムホルツ協会の本部のみから行うことにした。

この新しい方式を実行するため、法的にはそれぞれ独立した18の大規模研究機関が、2001年に一つに集まることになった。物理学から生理学までに通暁し、19世紀のドイツ科学を代表する世界的科学者であるヘルムホルツの名を冠した公益法人を設け、各大規模研究機関がその構成員となり、ドイツの総力を結集してグランドチャレンジに挑戦するというストーリーを作ったわけである。

これにより大規模研究機関がまとまって結束の強い機関となり、一体的に運営されることになった。ヘルムホルツ協会そのものは17研究所と1関連研究所[3]からなる公益法人であり、各研究所は会社組織、NPO、公益法人など、従来の経緯をふまえた、まちまちの法的形態をとっている。また、各研究機関は自らの研究所長の選任などについてもそれなりの権限を有している。

巨大組織の誕生

ヘルムホルツ協会の職員数は約3万8036人（2014年）、そのうち、研究者が約1万5000人、博士課程学生が7446人となっていて、ここでも大学との協力による学生支援を強化している[4]。これほど多くの、一つ一つでも有名な研究所が組織化できているという意味で、ユニークな組織体である。各研究所がそれぞれ完全に独立して存在するよりも、複数の研究所が1つの機関として、必要に応じてさまざまな課題に協力し、実行していくことに大きな意義がある。

3　マックス・プランク・プラズマ物理研究所（IPP）は、予算はヘルムホルツ協会から支出されるが、運用管理はマックス・プランク協会が行っている特殊なケース。

4　この年の博士号取得者は1059人を数える。

協会の総予算は39億9000万ユーロ（約5500億円）、うち70％が基盤的運営経費、30％が第三者資金である（人員とも、2015年現在）。ヘルムホルツ協会の場合は連邦の分担割合が大きく、基盤的運営経費は90％を連邦政府、10％を州政府が負担する仕組みである。このため州政府は、機会があれば関連する研究機関をヘルムホルツ協会の機関にしたいと考えている。

アイデア倒れにならなかったアイデア

大規模研究機関側の考えた戦略はあたり、ヘルムホルツ協会の設立以来、ドイツの大規模研究機関の予算は毎年、継続的に増加しており、過去10年で20億ユーロ（約2800億円）から現在の40億ユーロ（約5600億円）まで大幅に伸びた。現在は、メルケル首相の提案による連邦政府とすべての州政府の合意に基づく「研究・イノベーション協約」により、毎年5％の予算増（2016年からは3％増）を実現している。

ヘルムホルツ協会の毎年の予算額は、科学審議会でのプロジェクト評価の結果をもとに、本部が連邦・州政府と交渉をし、金額を決める。評価は大規模研究機関の施設で分けるのではなく、研究領域での分類をベースに実施している。すなわち前述の6つの研究分野が5年に1度、科学審議会によってプロジェクト評価されているのである。その後の予算額の決定プロセスは、評議会での議論、さらには拠出側の審議委員会[5]での議論を経て決定する。評議会には、学識経験者や民間の有力者とともに、連邦議会・政府、州政府の大臣、事務次官などが複数、委員として入っていて、原則として評議会で決まった額を審議委員会が追認するという形なので、決定権者は評議会ともいえる。会長は議事進行役ではあるが、予算案を評議会に提出する役割を担っており、反論を受けないだけの強さがなければならない。

予算の支出については、18の研究所が独立した組織となっているので、協会本部が各研究所に予算を

5　連邦、州政府の代表者により構成。

配分するのではなく、連邦政府および州政府が直接、各研究所に予算を交付している。このような資金の決定・配分プロセスをみると、資金を出す側の連邦・州政府の影響力が少ないように思えるが、実際のプロジェクト、大規模施設建設決定での発言権はかなり大きく、連邦・州政府からの要請で大規模施設の建設が決まるケースもある。ヘルムホルツ協会の研究所は国家的に重要な課題を扱ううえに、連邦政府が基盤的運営経費の90％を支出することもあり、他の３つの研究所群と比べて政府の影響が大きい。

10-2 ゴットフリート・ヴィルヘルム・ライプニッツ科学協会

「秩序だった分散」を目標として掲げるライプニッツ協会の起源は、第二次世界大戦後のドイツの状況にある。連合国はドイツに、文化、教育、科学について強い主権を有する州により構成される連邦制度を導入することにしたため、各州は、ドイツ連邦共和国の成立前の１９４９年３月にケーニッヒシュタイン協定[6]を結び、１つの州では財源的に完成できない研究施設についての協力を約束した。

それから20年、１９６９年の憲法改正により第91ｂ条が成立し、連邦政府も特定の場合に州政府とともに研究支援を行うことが可能になった。これを受け、３００以上の研究機関について検討を重ね、１９７７年より46の研究機関を共同で支援することにした。これらの研究機関のリストを記載した当時の政府の文書の用紙が青色であったことから、その後、長い間これらの機関は通称、「ブルーリスト機関」と呼ばれるようになった。

これらの独立したブルーリスト機関相互の交流は、当初はあまりなかったが、その後、自発的に始まり、運営上の課題に協力して対処するため、１９９１年に「ブルーリスト共同体」が設立され、33機関

6　１９４９年５月。

が所属した。転機が訪れたのは東西ドイツの統合である。これを機に旧東ドイツに所在した機関を改組して生まれた34機関のうち30機関がブルーリスト共同体に所属することになり、研究機関数、職員数とも、ほぼ倍増した。

このような急激な拡大をふまえ、科学審議会はブルーリスト共同体の組織的な強化を提言した。これに基づき、公益団体としての「ブルーリスト科学協会」が誕生し、１９９７年より17世紀のドイツの哲学者であり数学者でもあるライプニッツの名称を冠し、現在の「ゴットフリート・ヴィルヘルム・ライプニッツ科学協会」となった。

２０１４年現在、ライプニッツ協会には89の独立した機関が属し、職員数1万８１４４人、うち研究者数９２１７人（50・８％）、年間予算約16億４０００万ユーロ（約２３００億円）、うち連邦・州政府からの基盤的運営資金が10億２０００万ユーロ（約１４００億円）となっている。研究活動の範囲は、自然科学、技術、環境科学から、経済学、社会学、精神科学にまで及んでいる。なお、構成機関の中で最大の機関は、人員ではフランクフルトのゼンケンベルク博物館・自然研究所の７６５人、予算ではミュンヘンのドイツ博物館の７０００万ユーロ（約１００億円）である。

ライプニッツ協会の研究所は、社会的、経済的、環境的に大事な課題に取り組むとともに、基盤的研究に携わっている。また、科学研究に必要なインフラを維持し、それを研究目的のサービスとしても提供し、知識移転の実現に重きを置きつつ、政治、科学、経済、一般の人を対象とした提言も行っている。研究の質の確保には最も力を入れており、所属研究所は最長7年ごとに外部有識者からの透明かつ独立した評価を受けている。過去には評価の結果、協会を離れた機関もある。

ライプニッツ協会では、テーマごとの所属機関の協力を「ライプニッツ研究アライアンス」として推進している。アライアンスは、現実の、科学的な、そして社会的な課題の解決に寄与するために設けられるもので、ライプニッツ協会の重要なツールとなっている。テーマの選択はボトムアップで行われ、一度決定されると継続して遂行されるように、参加機関の研究プログラム計画に組み込まれる。

また、大学との協力にも力を入れている。まずは、330人の研究者を共同雇用していることがあげられる。また地域での大学や公的研究機関との協力を推進するため「ライプニッツ科学キャンプ」を主催し、これらの機関間での、テーマを特定したうえでの平等で補完的な協力の推進を図っている。目的は、当該分野での研究領域の拡大、周辺科学領域の強化のためのネットワーク作りにおかれている。

ライプニッツ協会の研究機関はドイツ内外の先端的研究と強く連携しているが、特に日本の機関との関係が強く、2014年にはライプニッツ協会日本代表を設け、協力の推進を図っている。

11 科学者の自治組織としてのドイツ研究振興協会

欧州を代表するファンディング機関

ドイツ研究振興協会[1]は、研究立国ドイツで、科学者に対する競争的資金の配分機関として高く評価されている公的ファンディング機関である。いわば、日本学術振興会のドイツ版であるが、一目置くべきところがたくさんある。

最近でこそフランスでも設立されたが、欧州においても、自国にしっかりしたファンディング機関を有している国は、もともとはそれほど多くない。ドイツ研究振興協会は、その中でもドイツを代表する公的ファンディング機関として、欧州では影響力の大きな存在である。

ドイツ研究振興協会は、1920年に第一次世界大戦後の経済的窮状からドイツ科学の壊滅を防ぐ目的で設立された、ドイツ科学非常事態協会をその前身としている。当時、政府に科学研究に支出する予算はなく、民間が資金を拠出し、当初からピア・レビュー方式で審査を行った。第二次世界大戦後は、1949年のドイツ連邦共和国の成立とともに活動を開始し、1951年よりドイツ研究振興協会となったが、現在でもその活動が政府とは一線を画した自律的なものとなっている淵源は、ここにある。ヒトラーの台頭による全体主義体制のもとでの活動については、21世紀に入り詳細な調査が行われ、2006年、ヴィナカー会長により発表された。ボンの同協会の本部前には、科学のナチへの参画、その記憶と警告を刻んだ記念碑が建立されている（図11・1）。

1　DFG, Deutsche Forschungsgemeinschaft 直訳ではドイツ研究協会。東京事務所開設の際、日本語名をドイツ研究振興協会としている。

DFG／Querbach

図11.1　科学のナチへの参画、その記憶と警告を刻んだ記念碑の除幕式典でのドイツ研究振興協会ヴィナカー会長（2006 年、同協会本部）

日本人による支援

ここで忘れてならないことは、疲弊にあえぐドイツ科学界のため、ドイツ科学非常事態協会に財政的支援を行った民間人の中に、日本の有名なアントレプレナーがいたことである。彼の名は、星一(ほしはじめ)、東洋の製薬王とも呼ばれた星製薬の創設者で、星薬科大学の設立者である。星は若くして独力で米国に渡り、コロンビア大学で経営学を修めたあと帰国し、事業で成功していた。そのような中で、当時のソルフ駐日ドイツ大使と親しかった後藤新平[2]からの依頼を受け、1921年から5年間にわたり、幾度もの巨額の寄付を行った。星は、この時期にドイツ科学非常事態協会を大規模に支援した民間人の1人といわれており、この寄付により97のプロジェクトが実現し、いくつものフェローシップが設定された。星はその後、カイザー・ヴィルヘルム科学振興協会会長からの名誉賞などを受けている。

私にとってのドイツ研究振興協会での忘れられない瞬間

私にとって強烈な印象として残ったのは、1983年に、日本のノーベル賞ともいえる日本国際賞の準備のためにドイツに来られた横田喜三郎国際科学技術財団理事長[3]とともに、当時のザイボルト会長[4]を訪問したときのことである。ノーベル賞の話をしていたところ、ドイツは戦争で人材が欠けていたこともあり、それまでは受賞者が少なかったが、今後は次々と出ると思うという話があった。現実に、1980年代の中ごろを境に、毎年のようにドイツから受賞者が出るようになった。この発言とドイツ研究振興協会の活動には直接の関係はないが、欧州における緊密な科学者間のネットワークの存在を想像させられた一場面であった。

2 当時、東京市長。

3 元最高裁判所長官。

4 Dr. Eugen Seibold.

活動規模

ドイツ研究振興協会は、連邦政府がプロジェクト・エージェンシーを通して行う目的・課題設定型の資金提供を除き、ドイツにおける唯一の公的ファンディング機関ともいえ、すべての自然科学、人文社会科学の分野において、大学や研究機関における研究活動への資金配分を行っている。

事業規模をみると、2013年の歳出総額は26億9520万ユーロ（約3770億円）である。財源は、連邦政府が18億80万ユーロ（約2520億円）で66・8％、州政府が8億7520万ユーロ（約1225億円）で32・5％を負担している。その他は、ドイツ科学寄付者連盟が200万ユーロ（約3億円）、EUが50万ユーロ（約7000万円）などとなっている。連邦と州の負担割合が、憲法第91b条に基づく連邦と州の合意による58：42という原則と合致していないのは、政府から別途執行を依頼される、エクセレンス・イニシアティブのような事業における負担割合が異なるためである。

最大の特徴は科学者の自治

ドイツ研究振興協会の最大の特徴は、科学者の自治である。協会の会員としては、95機関が登録されており、69大学のほか、学術団体、研究機関、科学アカデミーが参加し、マックス・プランク協会、フラウンホーファー協会、ライプニッツ協会等も会員となっている。

どのように独立しているのか？ 協会の最高の意思決定機関は会員総会であり、総会が会長、副会長、評議員会の会長と委員を選出する唯一の権限を持っているが、会員はすべて高等教育、研究関係者のみで構成されており、そもそも行政機関の声を反映するチャネルが存在していない。

会員総会の下に総務委員会が設けられ、協会の財政、人事、研究支援事業の推進・発展、支援対象者の決定、不正問題の処理などに責任を有している。また事務総長を選考し、会員総会の承認を求める役割もある。総務委員会の構成も、科学者側が39票、連邦各省が16票、各州代表が16票の投票権を持つことにより、科学者側の判断が優先される仕組みがとられている。結果として、協会は常に自治を維持できるように設計されているといってよい。

自治を維持するため、競争的資金の審査に携わる審査員の選定も工夫されている。審査は3段階で行われ、第1段階では、事務局の指名したピア・レビューアーが審査を行う。第3段階は、総務委員会による最終決定である。ユニークなのは、第2段階の、専門委員とよばれる審査委員の決定方法である。専門委員は投票により決定され、ドイツの公的機関で研究している博士号を持つすべての研究者が、専門分野ごとに分かれて投票を行い、4年任期の専門委員を決定する。これは、現代ドイツにおける最大の民主主義的投票システムといわれている。選ばれた専門委員は自らの属する分野の第1段階の審査結果を精査するとともに、理由があれば第1段階のピア・レビューアーの変更を求めることもできる。このような審査員の決め方をするファンディング機関があるのは、世界広しといえどもドイツだけであろう。とにかく透明性の実現に細心の注意をし、科学者の自治を維持している。

政府による予算の継続的増額

科学者の自治を基本理念とするドイツ研究振興協会に対し、ドイツ政府は、これまで毎年5％、2016年から2020年にかけては毎年3％、自動的に予算を増額することを公約している。すべてをボトムアップで決定する機関に対して、政府が全幅の信頼をおいているということになる。

若手支援と助言活動

ドイツ研究振興協会のさまざまな支援の中で、若手研究者については、第3部で別途紹介するエミー・ネーター・プログラムやハイゼンベルグ教授プログラムのように、特に研究体制における機会均等などを念頭において、優秀な研究者を支援している。研究が成果のあるものとなるように、研究資金の使用にあたっての柔軟性も保証している。

なお、ドイツ研究振興協会の目的は、大学における研究者の支援であり、マックス・プランク協会やフラウンホーファー協会の研究者は支援しないことになっている。しかし、これらの公的研究機関に期限つきで雇用されている若手研究者の場合と、大学の研究者と共同研究をしている研究者の場合は、例外となっている。ライプニッツ協会の研究者の場合は、申請に特に制限はない。

また、学術的な問題について議会や政府、公共機関に助言を行うとともに、情報を公開している。さらに、各種委員会や評議会での審議に加わり、社会における研究成果の活用に対する責任ある立場を明確にしている。公正な研究活動の確保については、国際的評価の高いガイドラインを整えている。

12
科学自由法

狙いは研究現場の活性化、ボトムアップがすべてにまさる

こんなとんでもない名前の法律が存在するのはドイツだけかもしれない。科学自由法とは通称で、正式には「大学外科学研究機関についての予算法による制約の柔軟化に関する法律」という連邦法であり、２０１２年に成立した。

ドイツにはもともと、研究に対するマイクロマネジメントは、自由なアイデアによる研究活動を阻害するだけだという考えがある。科学は予想外に進展することもあり、すばやく対応すべきことも多い。このため、連邦政府は研究機関の自己責任による運営の柔軟性を強化するため、この法律により、①予算使用の年度制限の廃止、②予算の費目間流用の自由化、③職員定数の廃止、④第三者資金を充当する場合の職員給与額の自由化、⑤研究協力推進のため、国内または海外で出資を行う場合の、政府による承認期間と明確な基準の設定および承認期間経過後の自動承認、⑥５００万ユーロ（約7億円）までの建設工事を行う場合の政府建設部局との調整の不要化などをこの法律に盛り込んだ。

これにより、マックス・プランク協会、フラウンホーファー協会、ヘルムホルツ協会、ライプニッツ協会、ドイツ研究振興協会、工学アカデミー、国家科学アカデミー・レオポルディーナ、フンボルト財団、ドイツ学術交流会（ＤＡＡＤ）など11の研究関連機関が、自らの判断のみで動ける範囲を拡大した。科学自由法はこれらの機関に対して、予算執行、人事などの面での柔軟性を担保するものだとい

え、科学はボトムアップで動くべきであるということを、制度的にも保障しようとしている。これに対して政府側は各機関に対するモニタリングを行うことになり、作成された報告は毎年、公表されている。

日本にこそ必要な法律ではないか

それでは、この法律はなぜ大学外研究機関だけを対象にしていて、大学は除いているのだろうか。調べてみると、大学を管轄する州政府は、まだ大学に対する行政権限を減らすことには消極的だという、わかりやすい答えがかえってきた。ということで道半ばであるとはいえ、わざわざこのような法律を新たに作ってまで研究の効用を高めたいという、連邦政府の研究にかける思いがうかがえる法律である。日本の研究機関での年度末の予算執行や会計検査の状況をみると、日本こそこのような法律を作る必要がある。

13 シンクタンク、政策提言機能の創設

米国と日本のシンクタンク事情

シンクタンクというと、米国が思い浮かぶ。例えば、スタンフォード・リサーチ・インスティテュート、ランドなど枚挙に暇がないが、米国の場合はこのようなシンクタンク専門の機関ばかりでなく、全米科学アカデミーなどの公的な機関においても事務局が立派な陣容を擁しており、例えば、全米科学アカデミー、全米工学アカデミー、医学研究機構の3つのアカデミーの事務局としての機能を遂行する米国研究評議会は、年間100億円以上の規模の調査研究を受託・実施している。これは、連邦政府の各省をはじめとする多くの機関からの依頼に基づくものである。米国では政策の立案にあたり、ありすぎるアイデアの中から何を選ぶのかが大変な仕事であるともいわれている。

これに対して我が国はどうであろうか。日本ではもともと霞ヶ関の中央官庁が国家レベルの行政の責任を担うことから、中央官庁自体が唯一最高のシンクタンクであると自負してきたため、民間のシンクタンクは、専門分野のコンサルティング会社を別にすると、三菱総合研究所、日本総合研究所など数えるほどしか存在しない。

中央官庁が直接に資金を提供するシンクタンク的機関としては、文部科学省の場合でいえば科学技術・学術政策研究所、あるいは国立研究開発法人科学技術振興機構の研究開発戦略センターがあるが、これらはいわば国の機関である。したがって、民間の発想を含めた幅広いアイデアがほとんどない状態

から政策を作るというのが現状である。根本的な問題は、国家としての日本政府が政府に属する機関以外にアイデア創出のための資金を提供していないところにある。資金を出してもよいアイデアや提言が出てこないという話もあるが、順番としては、額は多くなくても10年単位で継続的に資金を提供し、人材を育成、定着させていかないと、いつまでたっても状況は変わらない。よいアイデアが次々と出てそれをどんどん実現する国でないと、21世紀に繁栄していくことは難しい。

それではドイツの場合はどうであろうか。科学技術や研究政策に関しては、メルケル首相が就任してから、次の2つの事例が端的に示すように大きな変化が起こっている。

13-1 国家科学アカデミー・レオポルディーナ

ドイツを代表する国家アカデミーの指名、政策提言

第1はドイツにおいて長い歴史を誇るアカデミーであるレオポルディーナ[1]の位置づけの変化である。このアカデミーは1652年[2]にドイツの地方都市バイエルン州シュバインフルトで設立された。世界で一番歴史があり、かつ、設立以来途切れずに活動している、自然科学・医学を主体とするアカデミーである。ドイツは長い間、いわば多くの地方に分かれた領邦国家の集合体であったので、レオポルディーナばかりでなく、ベルリン・ブランデンブルグ科学アカデミー、バイエルン科学アカデミーなど、各地に有力なアカデミーがある。

レオポルディーナはその中でも国際的に活動してきた歴史があり、これまで7000人以上、現時点では30か国から1400人以上の会員を擁している。本部はザクセン・アンハルト州ハレ[3]に所在する。

1 Leopoldina.

2 英国王立協会より40年古い。

3 ヘンデルの出生地として有名。

近年、世界各国でアカデミーの活動が盛んになり、アカデミー間の国際協力も頻繁に行われるようになった。そこでドイツ政府は2008年、連邦・州合同科学会議（GWK）においてレオポルディーナを国家科学アカデミー[4]に指名した。これにより、連邦大統領を後援者とする、国際的にドイツを代表するアカデミーが誕生したことになる。レオポルディーナの運営経費の80％は連邦政府、20％は所在州が負担している。

レオポルディーナの中核的任務は、政策提言である。気候変動、食糧問題、疾病制御と健康、人口構成変動、世界の経済システム、紛争研究、天然資源のような、現実の科学に関する、あるいは科学政策上の課題に関して、政策立案者、社会、産業に対する提言を行っている。国家アカデミーへの指名に伴い、新たにすばらしい歴史的建造物に本拠をおくことになった（図13・1）。

13-2 ドイツ工学アカデミー

100年を経て設立にこぎつけた工学アカデミー

第2の事例は、ドイツ工学アカデミー[5]に対する、連邦政府による財政支援の開始である。ドイツには科学アカデミーは古くから存在するが、製造業の国ドイツにおいても、エンジニアリングは第一級の学問とはみなされず、19世紀には技術では博士号を取得できなかった。科学アカデミーでは、1899年に技術科学[6]のアカデミーを創設しようという動きがあらわれ、その後も議論が続けられたが、実際に設立されるまで100年以上が経過した。

1997年に至り、ドイツ科学アカデミー連合の中に「技術科学のためのタスクフォース」ができ、

4　Nationale Akademie der Wissenschaften.

5　acatech, Deutsche Akademie der Technikwissenschaften.

6　TW, Technische Wissenschaften.

図 13.1　ホワイトハウスとも呼ばれる国家科学アカデミー・レオポルディーナ本部（ハレ市）

これが2002年に産業界と連邦教育研究省から設立資金も得て、正式に「ドイツ科学アカデミーの連合による技術科学のための協議体」(Akatech)が公益法人として設立された。なお、略称は2003年に現在の"acatech"に改称しているが、acatech はアカデミーと技術の共生をイメージして名づけたものである。

工学アカデミーの活動、政策提言

活動は多岐にわたるが、①将来の課題に対する技術的見地からの政策立案者や社会に対する提言、②科学と産業の交流の場、③若手後継人材の支援、④工学者の声を内外に伝達、の4つを行うことを目的として掲げている。レオポルディーナと同じく、政策への提言活動を第一に掲げているわけである。

工学アカデミーの会員になる際には、11のテーマネットワーク中1つ以上に属することが前提で、その分野で提言作成にあたる。各テーマについて事務局が担当者を張りつけ、複数のテーマネットワークが協力することもある。通常、テーマは会員の討議の中から生まれてくるが、電気自動車についての提言のように、政府が予算をつけて依頼することもある。設立当初、会員数は約400人を想定しており、現在、既に400名を超える会員を擁している。

予算の3分の1を公的資金で支援することを決定

メルケル首相と当時のシャバーン連邦教育研究大臣は、工学アカデミーの活動、特に政策提言についての活動の重要性をふまえ、財源的な支援を導入するために動き、ついに2006年に、連邦とすべての州が2008年より共同で資金を拠出することが決定された。2007年に連邦と州で支出する金額について議論され、工学アカデミーの基盤的経費を公的資金で負担することになった。なお、acatech

7 参加団体から会費を徴収できることになる。

8 教育、バイオ技術、エネルギー・資源、健康技術、技術科学の基本問題、ICT、材料科学・原材料技術、モビリティ、ナノテク、生産技術、安全確保。

9 毎年度総予算の3分の1相当額。ただし、最大250万ユーロ、約3億5000万円。

の正式名称が現在の「ドイツ工学アカデミー」[10]に変更されたのは2008年1月であり、ここで名実ともに内外でドイツのエンジニアリングを代表する機関となった（図13・2）。

13-3 「研究連盟　産業と科学」と「ハイテク・フォーラム」

連邦教育研究大臣への助言組織

連邦教育研究省自体には、文部科学省における科学技術・学術審議会のような組織として「研究連盟　産業と科学」いう名称の助言組織がある。その活動としては、例えばインダストリー4・0との関係でいうと、2011年に初めてインダストリー4・0という概念を具体化し、ハイテク戦略2020のアクションプランの中でインダストリー4・0をスタートすべきという提言をとりまとめている。その後、「研究連盟　産業と科学」は、ドイツ工学アカデミーと共同で、インダストリー4・0のいわば実行計画を取りまとめている。

「研究連盟　産業と科学」の特徴は、連邦教育研究省の活動全体に対する助言組織でありながら、産業界の出身者が多いということである。委員長にはフラウンホーファー協会の会長とドイツ科学寄付者連盟会長[11]が共同で就いている。委員は、産業界出身13名、大学・研究機関出身11名、ほかはベンチャー・キャピタル1名、労働組合1名である。連邦教育研究省のイノベーションの実現に関する意気込みが感じられる。この助言組織の提言で創設されたインダストリー4・0については、ハイテク戦略2020のアクションプログラムの記述の中で、産業界からのアイデアにより実現したものであることが明確に書かれている。

10　Deutsche Akademie der Technikwissenschaften. 直訳するとドイツ技術科学アカデミー。

11　食品関係会社社長。

単位：1000ユーロ

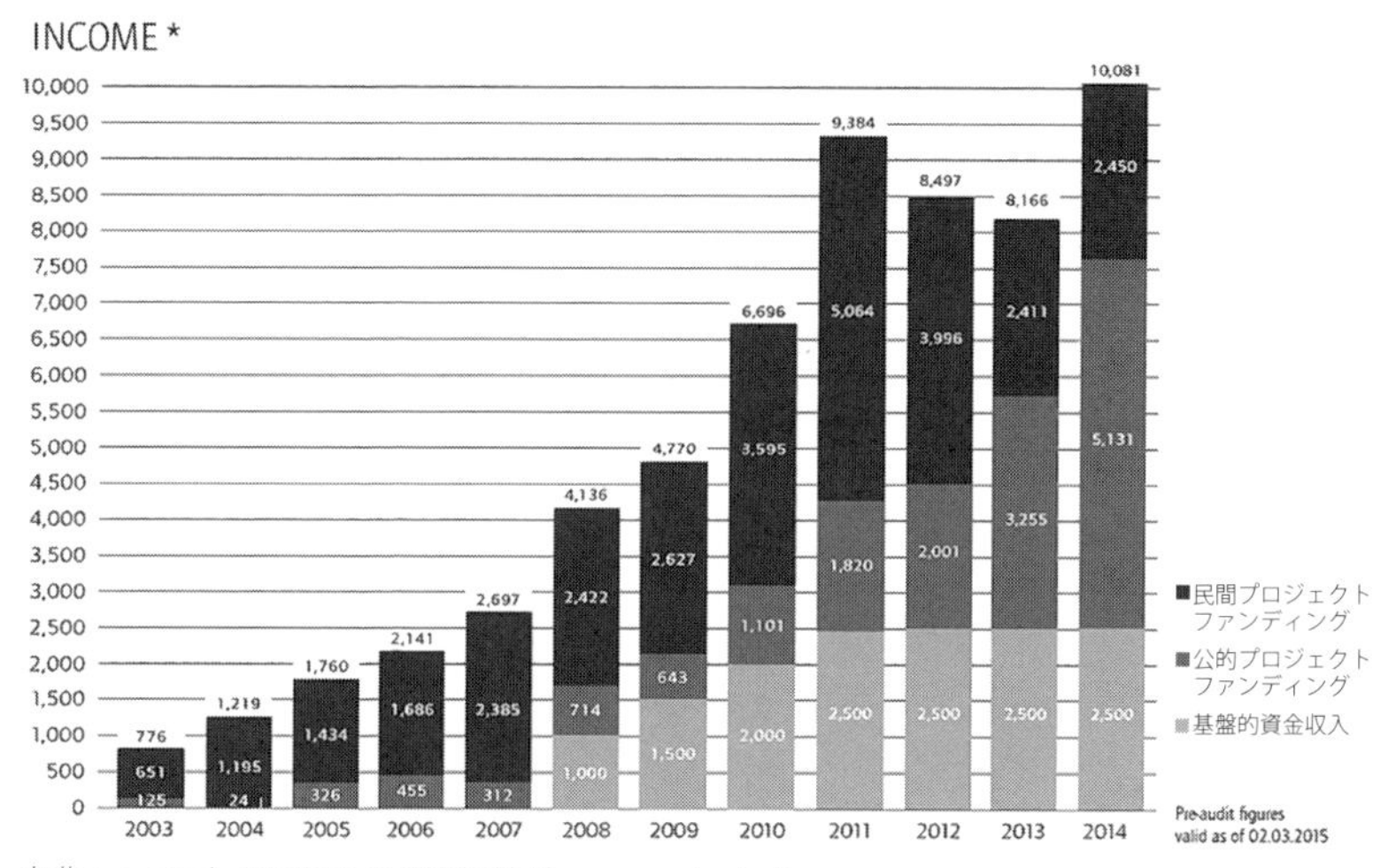

出典：acatech ANNUAL REPORT 2014 www.acatech.de

図 13.2　ドイツ工学アカデミーの収入

新たな助言組織「ハイテク・フォーラム」

ドイツでは、総選挙を経て新政権が成立すると、新たな与党間で政策を作り直す。連立政権が発足する前には、相当の期間をかけて政策合意文書が作成される。この合意文書に載らなかった政策は、実現することがなかなか難しい。

助言組織についても同じで、連立政権が新しくなると、新たな組織に変わることがある。「研究連盟産業と科学」も、２０１３年の総選挙にあたり任務を終えた。総選挙後、新たな審議会の設立には時間がかかり、２０１５年３月、ようやく次の審議会が発足した。新しい審議会は「ハイテク・フォーラム」というあまり特徴のない名称であるが、その構成には苦心のあとがみうけられる。会長はこれまでと同様に産業界から1名、研究者側から1名ということで変わりはないが、委員が18名に減り、それが産業界６名、大学・研究機関６名のほか、社会団体６名という均等構成になった。しかも社会団体には労働組合ばかりでなく、市民団体の代表などが入り、幅広い意見や考えを聞こうという意欲がみてとれる。また、メンバーのほぼ半分は女性である（表13・1）。今後、この審議会がインダストリー４・０をはじめとする連邦教育研究省の政策に助言をしていくことになるので、これまでとどのような違いが出てくるのか、楽しみである。

考える組織ＥＵの存在

シンクタンクという観点からＥＵの果たす役割は大きい。そもそも研究への財政的支援についても、いまやＥＵの予算規模はかなり大きく、ドイツのように自国の研究開発システムがしっかりしている国に対しても、大きな影響を持っている。小さな国で、研究開発について自らのファンディング機関を有していないような多くの国に対しては、ＥＵの影響力は相当なものとなっている。

表 13.1　ハイテクフォーラムのメンバー（2015.3～）

<table>
<tr><td rowspan="2">会長</td><td colspan="3">Prof. Dr. Andreas Barner
ドイツ科学寄付者連盟会長／ベーリンガー・インゲルハイム社社長</td></tr>
<tr><td colspan="3">Prof. Dr. Reimund Neugebauer
フラウンホーファー応用研究促進協会会長</td></tr>
<tr><td rowspan="3">メンバー</td><td>産業界</td><td>6名</td><td>Dr. Heike Hanagarth（ドイツ鉄道）
Yvonne Karmann-Proppert（ドイツ産業研究協会連合）
Dr. Nicola Leibinger-Kammüller（トルンプ）
Prof. Dr. Siegfried Russwurm（シーメンス）
Dr. Heinrich Strunz（ラミラックス・ハインリヒ・シュトルンツ）
Christian Vollmann（リサーチゲート）</td></tr>
<tr><td>大学・研究機関</td><td>6名</td><td>Prof. Dr. Angela D. Friederici（マックス・プランク協会）
Prof. Dr. Ursula Gather（ドルトムント工科大学）
Prof. Dr. Henning Kagermann（ドイツ工学アカデミー）
Prof. Dr. Jürgen Mlynek（ヘルムホルツ協会）
Prof. Dr. Robert Schlögl（フリッツ・ハーバー研究所）
Prof. Dr. Birgitta Wolff（フランクフルト大学）</td></tr>
<tr><td>社会団体</td><td>6名</td><td>Dr. Holger Brackemann（財団法人商品検査協会）
Elke Hannack（ドイツ労働総同盟）
Dr. Ansgar Klein（連邦ネットワーク市民参加活動）
Dr. Wilhelm Krull（フォルクスワーゲン財団）
Prof. Dr. Christoph Schmidt（連邦経済諮問委員会）
Marlehn Thieme（ドイツ持続可能な開発委員会）</td></tr>
</table>

注：**太字**は女性

しかしながらＥＵ自体は、自ら直接統治する国民を持たない国家連合というか、国際機関であるため、自らの政策を理論や証拠により裏づけし、加盟国に納得のゆくまで説明する責務を有している。そのため、研究政策の立案や評価にあたり、政策科学やマネジメントなどに優れた加盟国のシンクタンクや大学関係者などの協力を求めている。このＥＵの政策立案の進め方が、加盟国におけるシンクタンクや大学の調査研究レベルを高めるとともに、この分野の人材の育成に貢献している。

14 州の政策

研究でも州は活躍

ドイツでは憲法の規定により、教育は州の主権に属する。研究も連邦と州の立法権限の競合する分野ではあるが、原則的には州の権限である。基本的には、憲法第91b条により、連邦政府と州政府の間で合意のあった場合のみ、連邦政府が財政支出できるという構成になっている。したがって、これまで紹介してきた研究・イノベーション協約、高等教育協約、エクセレンス・イニシアティブなどは、連邦と州の合意に基づき財源負担割合を決めたうえで実施されている。マックス・プランク協会や、ファンディング機関のドイツ研究振興協会への連邦と州の支援割合も、憲法第91b条に基づく合意を列記した別表に記載されている（表14・1）。

したがって、教育は当然として、州政府が研究の分野でどのような活動を行っているのかを知る必要があるが、日ごろはドイツを代表する連邦政府の動きに関心が向けられ、州政府の政策まで十分に追いかけることはなかなかむずかしい。そこでいくつかの州について、特徴のある政策をみていくことにする。

表14.1　憲法第91b条に基づく共同研究支援に関する連邦・州枠組み合意（1975年11月28日、最終改正2001年10月25日）第6条に基づく財政支援の連邦・州分担割合

財政支援対象機関	連邦：州　分担割合
ドイツ研究振興協会	58：42
ヘルムホルツ協会	90：10
マックス・プランク協会	50：50
フラウンホーファー協会	90：10
ライプニッツ協会	50：50
国家科学アカデミー　レオポルディーナ	80：20
専門大学における研究資金	100：0

図14.1　バーデン・ヴュルテンベルグ州科学研究文化省から眺めるシュトゥットガルト市中心部

14-1 バーデン・ヴュルテンベルグ州

発明、イノベーションがもたらした繁栄

バーデン・ヴュルテンベルグ州は、フランス、スイスと接するドイツ南西部に位置し、シュトゥットガルトを州都とする（図14・1）。ベンツ、ボッシュなど世界有数の大手企業の本社もあり、現在ドイツ国内で最も財政豊かな州の一つだが、100年前までは非常に貧しい、農業に依存した州であった。現在の繁栄は、まさに発明やイノベーションがもたらしたものといえる。ただし、産業における製造業[1]の割合が大きく、構造的にこのままでよいのかという議論は出てきており、製造業と情報技術の融合への関心は自然と大きくなっている。

産業界とアカデミアとの研究・イノベーションにおける連携は大企業も行っているが、この州では中小企業も多くの産学公連携を実施している。研究開発に熱心な中小企業がたくさん存在するのは、多くの大手ハイテク企業があることも一つの理由であるが、何より研究に適した環境、つまり多くの総合大学、専門大学、フラウンホーファー研究所、シュタインバイス技術移転会社などの研究開発に関連する機関に恵まれ、企業と研究を担う機関が距離的に非常に近いことが理由としてあげられている。

イノベーション戦略

バーデン・ヴュルテンベルグ州は「イノベーション戦略」を策定している。重点分野としては、①健康と介護、②持続可能な輸送、③情報技術、④環境、を掲げ、連邦政府のハイテク戦略とは相互に補完しあって実施されている。

1　自動車、機械など。

州政府は、知識移転について大学や研究機関の研究を市場で具現化するという方向だけでなく、産業界の問題意識やニーズを大学や研究機関が的確にとらえて研究に反映するという、双方向の流れを助成するようにしている。例えば、「革新的なプロジェクト」という助成プログラムでは、総合・専門大学が企業、とりわけ中小企業の研究の重要性を認識したうえで研究開発活動を行うことを支援している。また、最も根源的な技術移転は人材交流と職業訓練であるという認識から、産学公連携プロジェクト、共同研究ネットワーク、コンソーシアム、クラスターを積極的に支援している。

州により異なった大学が存在する

高等教育は州政府の主権の範囲であるので、バーデン・ヴュルテンベルグ州には、他の州にはほとんど存在しない「デュアル大学」という制度がある。この大学では、在校生は大学だけでなく企業にも在籍し、限りなく実用的な研究を行っている。１９９０年代の中盤まではデュアル大学を修了しても大学卒業の資格として承認されなかったが、現在では大卒資格の認定も得られるうえ、企業側からのニーズの高まりもあって、非常に人気の高い進路となっている。この州では伝統的に産学公連携が盛んなため、デュアル大学のような研究と実践の併存が可能になっている。同様の制度があるのは、ドイツ国内では他にはザクセン州のみである。技術移転の側面を考えると、シュタインバイス技術移転会社[2]が果たす役割もこの州では非常に大きい。

欧州地域発展基金

起業については、「若手イノベーター・プログラム」で大学発の起業の準備、支援を行っている。この場合の大学は多くの場合、専門大学を指している。総合大学は基礎研究に近く、専門大学は応用研究

2　第2部7－4参照。

に近いので、起業者も専門大学の卒業生の方が多い。

州政府からみると、EUの欧州地域発展基金は大きな意味を持っている。かつてEUの地域発展基金は農業を重点的に助成し、開発の遅れている地域の補助金として機能していたが、現在では助成の重点をイノベーション環境の整備に移している。今では、このプログラムの支援を受けるためにはイノベーション政策を明示することが条件となっているため、イノベーションの種を持つ地域の方が支援を受けるチャンスが大きくなっている。したがって、一見、地域発展基金とは遠いと思われるようなバーデン・ヴュルテンベルグ州であっても、州内で発展の遅れている地域があれば支援を受けることができる。

14-2 バイエルン州

リーダーの存在

ミュンヘンを州都とするドイツ南部のバイエルン州は、近年ハイテク産業の集積地として知られ、日本企業も多く立地するようになってきたが、戦後すぐは、まだ農業中心の地域であった。1980年代にフランツ・ヨーゼフ・シュトラウス首相[3]、1990年代にシュトイバー首相という強力なリーダーがあらわれ、研究開発環境の整備に積極的に投資した結果、現在のようにイノベーションで知られる州に生まれ変わった。ハイテクの強化、国際化などの政策を展開し、ユニークなベンチャー・キャピタルもこの時期に誕生している。

バイエルン州では、2020年までに州全体でのGDPに対する研究開発費の割合を3・6%（ドイ

3 ミュンヘン空港の名称もこの首相の名前になっている。

ツ全体では3％弱）にまで伸ばすことを目指している。この州の場合は産業界からの拠出が75％と非常に高い割合を示している。

研究技術政策戦略

バイエルン州政府は研究技術政策戦略を策定していて、①健康・栄養・ライフサイエンス、②材料、③環境・エネルギー、④モビリティ（交通、航空、宇宙）、⑤情報通信技術、の5つを重点分野としている。これらの重点分野は、既に州内で盛んな産業であり、雇用の問題や高齢化などの社会的な要請を考慮して決められている。ただし、州が課題を設定してそれを解決していくというスタイルではなく、州内の大学、企業が何を必要としていて、それぞれのプロジェクトを遂行するために州ができる支援は何かを考え、いわゆるボトムアップの理念に基づき政策を運営している。

スタートアップ支援

バイエルン州は特にスタートアップの支援に力を入れている。そのためには、起業だけでなく、ベンチャー・キャピタルの支援も大切と認識している。州内にはドイツ最大の200を超えるビジネスエンジェルが存在している。州は起業家とこのようなキャピタルを結びつけるマッチングを実施しており、現在では年間2000～3000万ユーロ（約28～42億円）にのぼるシードマネーやベンチャー資金を仲介している。

「ビジネスプラン競争」という州の助成プログラムでは、発明者やプランの立案者だけでなく、チームメンバーの半数は企業からの人材であることが条件となっている。申請者の平均年齢は37歳である。バイエルン州経済・メディア・エネルギー・技術省によれば、1997年から2012年の間にビジネスプラン競争に応募した3762チームのうち、起業したものは1051社にのぼる。そのうち187社が破産・解散しているため、現在でも活動している企業は874社となり、ここから6645人の雇用と5億2200万ユーロ（約730億円）の売上が発生している（図14・2）。州では今後、よりベンチャー支援に力を入れるため、起業前のコンサルティングを目的として、「起業州バイエルンイニシアティブ」を立ち上げることにしている。

ビジネスプラン競争プログラムの20周年にあたる2015年の発表によれば、これまでバイエルン州全体で約1600社が起業し、これにより1万1400人の雇用と、年間売上げ10億ユーロ（約1400億円）が生まれている。

州によるベンチャー・キャピタルの設立

起業者への財政的支援については、現在、ドイツ国内だけでなく欧州全体でも、リスクキャピタルから資金を獲得することは簡単ではない。そこでバイエルン州では、既に1995年に「バイエルン・キャピタル」というベンチャー・キャピタル会社を設立し、民間投資家があらわれるまでのつなぎ投資を行っている。ただし、州側の出資は常に50％以下におさえ、必ず民間から関心を集め51％以上の投資があることを条件としている。バイエルン・キャピタルでは、これまで1社あたり最高で200万ユーロ（約2億8000万円）の支援をしている。しかし、この金額では少なすぎるという議論があるため、2015年からは成長ファンドという名目のもとに追加投資ができる仕組みにし、合計1000万ユーロ（約14億円）まで支援できるようにする。これまでの20年間の運営の中で、バイエルン・キャピタルは1億5000万ユーロ（約210億円）を回収し、今後も増資を予定している。このように投資会社を設立してベンチャー支援をする例はドイツでも珍しく、他の州では州立の投資銀行の一部門がス

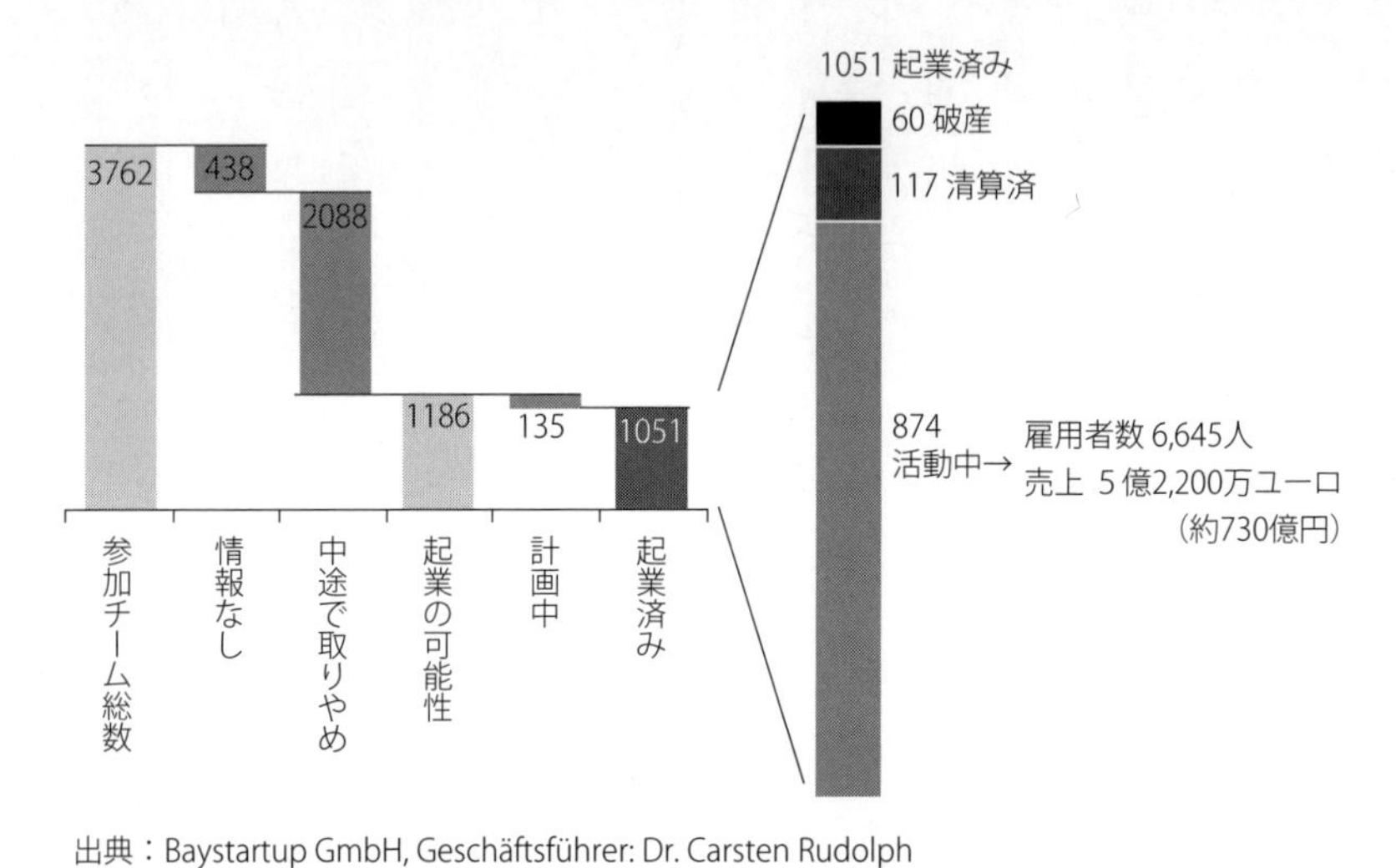

出典：Baystartup GmbH, Geschäftsführer: Dr. Carsten Rudolph

図 14.2　バイエルン州政府によるスタートアップ支援（ビジネスプラン競争）とその後（1997～2012）

タートアップの支援をしている。

クラスター支援

バイエルン州には現在、19のクラスターが存在する。その中でも大きいものは、ミュンヘン市南部に隣接するマルティンスリート地区がバイオ関係で知られているほか、医療技術、宇宙、情報技術、新素材などのクラスターが存在する。ただし、クラスターに参加している企業は州全体に広がっているので、クラスターといっても関連組織のネットワークと理解できる。

連邦政府の先端クラスター事業では、バイエルン州においては、バイオクラスターm4[4]のほか、エアランゲン地域のメディカルバレー、アウグスブルグ・インゴルシュタット地域の新素材・カーボン開発の3つが対象となっている。ちなみにライバルのバーデン・ヴュルテンベルグ州では、4つの先端クラスター事業が認められている。

4 連邦政府の先端クラスター事業の一つであるバイオクラスターm4の基地でもある。

公的研究機関の招致にあたっての覚悟

連邦政府と共同して公的研究機関を支援する仕組みは、州政府にとっても極めて重要である。例えばフラウンホーファー協会の研究所を新たに招致する場合、最初の5年間は州政府が単独で基盤的運営経費を負担しなければならない。その後、連邦政府との合意があれば、連邦が90%、州が10%の負担割合で基盤的運営経費の支援を開始する仕組みとなっている。マックス・プランク協会の研究所の場合も同様で、開設時に必要な基盤的施設の整備は州政府の負担となるので、州の産業にとって本当に必要な研究所を誘致するという気構えが求められている。バイエルン州としては、エアランゲン市とヴュルツブルグ市にマックス・プランク研究所を、バイロイト市にフラウンホーファー研究所、ニュルンベルグ市にヘルムホルツ協会の研究所を設けてほしいと考えている。州政府としての期待は、各地の産業になんらかの寄与ができる研究や開発が、地元の優秀な人材によってなされることである。

14-3 ノルトライン・ヴェストファーレン州

日本企業にとってのドイツへの入り口

ノルトライン・ヴェストファーレン州はドイツ北西部に位置し、石炭が採掘されたことから、ドイツの伝統的産業の中心地であるルール工業地帯を擁し、州都デュッセルドルフは商業の中心地でもある。欧州へ進出した日本企業の多くが、この町に現地法人を設けているため、日本とのさまざまなレベルでの連携にも積極的で、同州経済振興公社は日本に株式会社エヌ・アール・ダブリュー・ジャパンを設立し、活発な活動を行っている。最近では、筑波大学の山海嘉之教授のすすめる Cyberdyne 社が、ロボットスーツＨＡＬの欧州における市場開拓のベースとするため、同州ボッフム市に新会社を設立したことが大きく報じられた。これは、ドイツにおける公的労災保険のＨＡＬへの適用が可能となったためである。

ノルトライン・ヴェストファーレン州では、教育、研究の双方について新しいガイドラインを示している。

学習を成功させる!

教育のガイドラインは「学習を成功させる!」と名づけられている。大学進学率が高まったため、州内の大学は満員の状態である。進学率が高くなっているのは、単に大学進学希望者が増えているだけではなく、これまで学士の資格が不要だった介護士や旅行業取引などの職業資格を、大学で取得する必要が生じたことも一因である。

さらに、今後は一般的な高校卒業資格（アビトゥーア）を取得して進学する学生だけでなく、マイスター資格保持者が無試験で入学できるようにするなど、進学者の社会的背景や就学年齢の多様化が想定されている。このため、旧来の大学制度では対応しきれない事態が起こる可能性が高い。州政府としては、就学した学生に1人でも多く卒業してもらいたいと考え、ガイドラインの名称もそれにあわせたものにしている。

研究開発でもガイドラインが

研究についてのガイドラインは、「進歩　ノルトライン・ヴェストファーレン州」と呼ばれている。研究開発政策は、社会課題の解決を目的とするというアプローチに変わってきており、州内の問題に閉じるのではなく、グローバルなチャレンジについて語っている。

大学において基礎研究が大切であるという認識は、今後も変わらない。実際、大学における優れた研究は、州政府の負担する基盤的運営経費と、連邦政府と州政府が共同で財政負担をしているファンディング機関であるドイツ研究振興協会を通じた競争的資金による支援という形で今後も推進していく。競争的資金としては、そのうえに、連邦政府によるハイテク戦略によるものとEUの7か年計画であるホライゾン2020に基づくものがある。

クラスター支援

ノルトライン・ヴェストファーレン州のクラスター政策は、少し特殊な発展をしている。スタートは、EUの地域発展基金の助成を受けるために整備した、大学、研究機関、企業のネットワークである。州のクラスター政策は、このようにしてできあがったネットワークを支援しているので、この州でクラスターとは、地域性をベースとしつつも、そのうえに作られた業界的なネットワークを指している。

さらに、政策の要点は「クラスターから市場作りまで」というコンセプトにおかれていて、クラスターを形成できるほど産業集積のある地域は、市場としても魅力ある地域に違いないという前提に基づき、クラスターだけでなく、リーディングマーケット作りも行うというものである。例えば、エネルギー関連技術[5]の研究開発が盛んな地域であるノルトライン・ヴェストファーレン州は、将来、世界にさきがけて高効率エネルギーの実証市場になりうると考えたうえで、支援を行っている。

5 蓄電、高効率発電、新素材等。

15 ＥＵとの連携

ＥＵの政治戦略

日本をとりまく東アジアには、法的な規制枠組みのある国家共同体は存在しない。しかし、ドイツはＥＵを構成する重要な一翼を担っており、政策を考える場合は常にＥＵ、あるいはＥＵを通した他の加盟国との関係を考慮する必要がある。研究開発の分野においても、いまやＥＵの存在を無視することはできないどころか、ＥＵはかなり大きな役割を果たしている。それは研究資金の面ばかりでなく、国際協力をスムースに行えるようにするという研究システム構築の面でもいえることである。

ＥＵは欧州28か国で構成する国家連合体で、現在は“Europe 2020”と名づけた政治戦略を掲げて幅広い活動をしている。この戦略は２０２０年に向けての約10年間を対象に、ＥＵの経済・社会に関する目標を定めている。具体的には、①賢い成長[1]、②持続可能な成長[2]、③包括的成長[3]、という3つの優先事項のもとに、いくつものイニシアティブを設けている。ＥＵでは、これらの成長を実現するためには、研究・イノベーションの役割が不可欠なものとみなしている。

Europe 2020に対応する財政枠組みとしては、２０１４年から２０２０年の7年間を対象とした「多年次財政枠組み」（ＭＦＦ）[4]が、中期的な方向性を規定している。そこでＭＦＦを構成する細目の中で研究関係がどの程度のウェイトを持つのかをみると、意外と大きな額となっていることがわかる。

1 Smart Growth.
2 Sustainable Growth.
3 Inclusive Growth.
4 MFF, Multiannual Financial Framework. 総額約９６００億ユーロ、約１３４兆円。

意外と大きい研究・イノベーションへの予算

トップは、多くの国でみる光景であるが、農業政策で2773億ユーロ（約39兆円）、これが全体の29・5%を占めている。次が未発展地域の支援[5]1644億ユーロ（約23兆円）で全体の17・5%、第3位が地方開発の[6]848億ユーロ（約12兆円）で9・0%となっている。その次、第4位がこの7年間の研究・イノベーション施策をとりまとめている「ホライゾン2020」に対する支出であり、704億ユーロ（約10兆円）で7・5%を占めている。したがって、国家連合体であるEUにおいて、研究・イノベーション関係の予算はそれなりに目立つ存在といえるが[7]、EUによる研究予算は、欧州諸国全体の政府による研究開発資金の総計と比べると、その6%程度にとどまる[8]。一見すると、なんだ、たった6%かと思うが、実は違う。

現場の研究者にとって重要な第三者資金

日本でもそうだが、政府の研究開発予算の多くは、エネルギー、環境、宇宙、産業技術開発など、国が自ら実施するプロジェクトに配分され、個々の研究者への予算はそう多くはない。我が国の科学技術予算は3兆円を超えるが、大学などの研究者が必死で応募する科学研究費補助金の額は、昔の倍になったとはいえ、2000~2500億円程度である。一般の研究者が利用できる競争的資金の状況は、ドイツにおいても同じで、一見少ないと思われるEUの競争的資金は、ドイツの研究者が獲得できる研究資金の30%近くになるといわれている。こうなるとドイツ政府としてもEUの研究資金を無視することはできず、いまではEUによるファンディングを念頭に置きながら、国内のファンディングの設計を行っている。

EUの革命的な新政策で、秀でた個人研究者に対するグラントである欧州研究会議[9]（ERC）の資金

5 GDPがEU平均の75%未満。
6 農林業支援、環境保護など。
7 ここでのユーロの値は、2011年購買力平価換算値。
8 ホライゾン2020の1つ前の、第7次枠組み計画時点での計算。
9 ERC, European Research Council.

にしても、現時点では研究者サイドからのニーズの方が大きいので、何も問題は生じていないが、ERCの研究資金がさらに大規模になると、各国の資金による支援との仕分けなどが問題となってくるかもしれない。ただし、これはドイツ、英国など自国のファンディング機関がしっかり機能している国の場合であって、EU加盟国であってもファンディング機関が確立していない国もあるので、国によって事情は大きく異なってくる。

研究基盤に関する欧州戦略フォーラム（ESFRI）

研究システムの設計においても、EUの果たす役割は大きい。よく知られているものに「研究基盤に関する欧州戦略フォーラム」（ESFRI）[10]と呼ばれる組織がある。これはEUの組織ではなく、欧州各国が共同で設立した組織であり、その活動に対してEUが一定の支援をしている。このフォーラムは、1つの国では建設、維持できない大型研究施設、あるいは、いくつもの国に分散している施設やデータベースを対象として、これらの国が協力することによって全体としての力を発揮できるものについて、今後10～20年を展望し、欧州としてどのような施設をいつ頃設置する必要があるのかということを、共同で考えることを目的としている。

具体的には、巨大加速器のような施設から、生物学関係のデータベースの統合的運用、さらには人文社会科学系の情報の統合的利用システムなど、分野、規模にかなりの多様性がある50程度の対象施設・分野のロードマップを作る組織といってよい。欧州各国には、経済規模の大きなドイツ、英国、フランスなどであっても、なかなか自国のみでは負担しきれない施設が多くあるため、このような協力がかなり進んでいる。現実にどの国に立地するかという場面では、各国間での政治的な綱引きになることもあるが、このESFRIがあるおかげで、国際協力が必要な研究施設・ネットワークなどに対する欧州各

10 ESFRI. European Strategy Forum on Research Infrastructures.

国間の意思疎通は、かなり進んでいるといってよい。

ドイツ国内においても、このような形で立地に至った施設が増えつつある。例えば、欧州X線自由電子レーザー（XFEL）は、EU加盟国を中心とする11か国の協力によりハンブルグに建設中で、2017年に運用開始予定である。建設・運営のために、ドイツの法律に基づき有限会社が設立されているが、実態は国際的組織であり、同社には欧州のさまざまな国の人々が勤務している。

多国間共同運営事業に慣れた欧州諸国、日本の最弱点

このような組織をみると、国際的事業の推進における欧州の強み、日本の弱みが顕在化してくる。欧州では多国間協力により研究事業を進めることが多いため、多くの国の人々が協力して1つの組織を運営することが日常茶飯事となっていて、人的、財源的に複雑な組織の運営にかなり慣れている。日本の場合、これまでは大きな施設であっても我が国の予算だけで建設できることが多かったが、これからは財政力にも限りがあり、今後、研究施設の建設・運営は、多くの国による共同運営が通常のパターンになることが予想される。

欧州諸国の人々にとっては、これまでの組織運営と比べて特に変わったことではないが、我が国の研究関係者にはそのような経験がほとんどなく、一からその経験を学ぶ必要がある。今後、我が国が国際的な研究協力を進める場合、この点がハンディキャップとなることは確実なので、日本としては意図的に多国間協力のための能力を備えた人材の養成に努めていかなければ、大きな不利益をこうむる事態となりかねない。

欧州研究基盤コンソーシアム（ＥＲＩＣ）

もう一つ、ＥＵが最近実現した大きな成果である欧州研究基盤コンソーシアム（ＥＲＩＣ）[11]というシステムにふれてみたい。新しい国際協力の組織を多国間で設ける場合、その組織に勤務する人員の待遇、税制上の特典などを考慮する必要が生じる場合がある。従来は個別のプロジェクトごとに協定を結び、参加各国がこの協定を必要に応じて議会で批准する必要があったため、実際の協力スタートまでには、10年とはいわないまでも、かなりの年オーダーでの期間を要していた。このような現実に直面し、ＥＵは、多国間による国際協力を実施する場合、事前にＥＲＩＣさえ批准しておけば、それ以降の個別の国際協力プロジェクトの実施にあたり、議会の批准は不要とするという枠組みを構築した。

そのため、近年では欧州における多国間協力組織の設立がかなりスムースに進み、ドイツも多くのＥＲＩＣに参加している。このようなシステムを欧州以外にも広げられるかどうかが、世界の科学技術政策立案者のこれからの関心の一つとなりつつある。

以上からもわかるように、欧州各国の政策を理解するうえでＥＵの研究開発政策を理解しておくことは不可欠であるし、ＥＵの政策は、ドイツの政策とは違った意味で我が国として参考にすべきことが多々ある。

11　ERIC, European Research Infrastructure Consortium.

第3部

若手人材の養成

16 人材に対する意識の相違

社会は人材によって動くという感覚の有無

ドイツに存在して日本にはまだないものの一つは、「社会は一定の能力を有する人材によって動く」という感覚ではないだろうか。ドイツでは、プロフェッサー、ドクター、エンジニア、マイスターなど、社会におけるさまざまな職業資格が名刺に記載されている。このことは、社会では一定の能力を有した人材が必要であるという認識を、多くの人が共有していることの表れであろう。

ドイツにおける問題発見と改革の発進

ドイツは欧州大陸の諸国の中ではフランスと並んで経済、政治の要をなす国である。そのため、イノベーションも起こるが、古くからの伝統も続いている。大学においてもこれは同じであり、特に教授になるためには、通常の博士号ばかりでなく、さらにかなりの年月を要する「大博士」[1]と称される資格を取る必要があり、そのため若い人材が正式の教授ポストをなかなか得られないという問題がある。

このシステムに問題があることはドイツ国内においても認識され、徐々にではあるが改善が図られている。最初に大きな変化が起こったのは、1990年代に外国人の有識者を主体に行われた、ドイツの基礎研究システムに対する外部評価の結果による。これは1996年の連邦・州政府の共同決定により、ドイツ研究振興協会、マックス・プランク協会の活動、両機関と大学との協力状況[2]、経済界との協

1 正確には大学教授資格取得制度。Habilitation.

2 特に若手支援。

力（イノベーション）を、基礎研究システム全体のあり方という観点から評価したものである。

評価結果は1999年に公表された。提言されたことはかなり多くあったが、ドイツのシステム全体についての勧告事項は、

① システムの柔軟性、大学の管理能力などと並んで、若手後継人材の研究上の早期独立[3]

② 大学教授資格取得制度の廃止

③ マックス・プランク協会と大学の相互開放

という、大きなインパクトを持つものであった。

この提言は真剣に受け止められ、その後、ずっとフォローアップが続いている。このような真剣な対応にも、ドイツの特徴の一つが隠されている。日本の場合は審議会を数年ごとに開いて立派な内容の提言、政策を繰り返し作るが、実行という点では疑問が多い。ここに日独の違いがあるように思えるが、どうであろうか。

3 許すだけでなく、支援し、求める。

日本にはポスドク呼び戻しグラントがなかった

さて、ドイツの人材戦略上の重大な課題は、多くの若手後継人材が、博士号取得後にポスドクとしての活動を米国で行うため、ドイツを離れてしまうことである。マックス・プランク協会でもドイツ人ポスドクの不在を埋めるため、優秀なポスドクを世界中から募集しており、外国人ポスドクの割合は89・3％（2484人のうち2212人、2012年現在）となっている。

このため、ドイツは自国を去ってしまったポスドクの呼び戻しにも熱心であり、エミー・ネーター・プログラム[4]の公募にあたっても、米国在住のポスドクを対象に宣伝に努めている。その理由は、同プログラムが博士号取得後2～4年の若手研究者を対象にしているため、米国での研究生活中に申請資格を

4 第3部17参照。

失ってしまう例が多いためである。

米国に移った自国のポスドクを呼び戻すための制度としては、中国の海亀制度が知られている。欧州ではドイツばかりでなく、スイス、フランスなど先進研究諸国に共通して、海外で一定期間研究した、あるいは研究していることを条件とする、優秀な若手研究者が対象の支援規模の大きなグラントが存在する。ところが、不思議なことに日本にはない。これも我が国の若手研究者を内向きにしている社会システムの一例である。日本学術振興会では2015年度より、科学研究費補助金において、国際共同研究加速基金の中に「日本人研究者の帰国発展研究」という新たな種目を設け、20人程度を支援するとしている。規模としてはまだ小さいが、日本でもようやくこのようなグラントが新設されることになったので、その発展に大いに期待したい。

17 ドイツ研究振興協会のエミー・ネーター・プログラム

さて、それでは国際的な評価をふまえて、ドイツではどのようなシステムを構築したのであろうか。その一つが、ドイツ研究振興協会が1999年からスタートしたエミー・ネーター・プログラムである。[1] このプログラムの誕生は、当時ドイツ研究振興協会の会長であったヴィナカー氏の力によるところが大きい。

ヴィナカー氏によれば、若手研究者の育成はドイツの発展のためにもっとも重要なことであるが、そのために次の7つの課題を実現する必要がある。

若手研究者育成の7か条

① できるだけ早く、独立して研究できるような能力を身につける
② メンタリング
③ よい研究環境
④ 物理的にすぐ近くに、年配者ではなく、若くて最も優秀な博士課程学生やポスドクがいる
⑤ 透明な選考システムを含むテニュアトラック・システム
⑥ 女性研究者への対応
⑦ 家族と暮らせる最低限の財政支援

ヴィナカー氏は、この中でも言わずもがなに必要なことは、若手研究者の早期独立にあるという信念

1 エミー・ネーターとは、20世紀初頭に活躍したドイツの女性数学者であり、このような名称をつけるところに、ドイツでも女性の活用が社会の課題となっていることがわかる。

を持っている。これは、彼がポスドク時代に米国にわたった際に心に刻まれたとのことである。これらの7つの課題を実現すべく彼の考えたものが、エミー・ネーター・プログラムである。

既存の制度に風穴をあける

このプログラムでは、博士号の取得後2～4年以内の若手研究者に、5～6年間にわたり年間4万8000ユーロ（約670万円）の給与の他に研究チームを率いる資金を援助する。[2] これをもとに大学院生、あるいはポスドクを含む小さなチームを編成させ、研究を進めるばかりでなく、グループのマネジメント能力もつけさせ、将来のリーダーを養成することを目的としている。

30歳前後の若い時代にこのような経験を積むことにより、学界ばかりでなく、産業界との連携、国際的な場での活躍も期待できる。そして一番期待されていることは、大学教授資格取得制度（大博士制度）によることなく、若くして教授になる道をドイツで開くことである。ドイツ研究振興協会によれば、このプログラムの経験者の中から、新たなキャリアパスによりドイツの大学教授になった人材がかなり出ているとのことであり、この試みは成功したと認識されている。

ファンディング・システムの伝播

欧州の科学技術・研究政策をみていると、ある国の政策が別の国の政策に伝搬していくことがあり、そのプロセスをみることも興味深い。そもそもヴィナカー会長がこのプログラムを考えるにあたっては、米国での自らの若い頃の経験ばかりでなく、英国王立協会が1983年より実施しているユニバーシティ・フェローシップ[3]や、1960年代から続いているマックス・プランク協会のグループリーダー制度があったことは疑いない。実際、ヴィナカー会長は、英国王立協会のポスドクフェローシップは素

2　1チームあたり年平均約16万ユーロ（約2240万円、2012年）。

3　毎年、正規のポストについていない30人を選び、8～10年にわたり支援を継続するプログラム。支援終了後は、世界の名だたる大学の教授に就く者が多い。2010年には、このポスドクフェローシップによりマンチェスター大学で研究をしていた、英国・ロシア国籍のノボセロフ博士（36歳）がグラフェンの研究でノーベル物理学賞を受賞。

晴らしいと述べている。

ハイゼンベルグ教授プログラムとテニュアトラック・システム

ドイツ研究振興協会では、エミー・ネーター・プログラムに加えて、２００５年にハイゼンベルグ教授プログラムと名づけたテニュアトラック・システムを導入した。このプログラムは、若手研究者が個別の大学と交渉し、支援終了後に教授としてのテニュアポストの確約を得た場合、ドイツ研究振興協会が３年間、さらに評価がよければ2年間、全部で5年間支援するというものである。２００６年から２０１０年までの間に１０３人が採用され、最近では、毎年約25人が採択されている。

ドイツではその後、エクセレンス・イニシアティブにおけるミュンヘン工科大学の事例のように、大学教授資格取得制度を経ずに教授への道を開くテニュアトラック・システムが、少ないながらも浸透してきている。

18 マックス・プランク科学振興協会のグループリーダー制度

ハルナック原則を受け継ぎ、50年近く続く秘密とは

マックス・プランク協会のグルス会長は、同協会のグループリーダー制度がエミー・ネーター・プログラムの原型であると述べている。この制度は1969年に発足したもので、マックス・プランク協会の哲学でもある、立派な研究人材に研究所あるいは研究を一切任せるというハルナック原則を受け継ぎつつ、卓越した若手研究者を登用するものである。

採用されたグループリーダーには毎年35万ユーロ（約4900万円）を支給し、一切の研究進展を任せるというもので、現在でも毎年20人程度を採用し、総計120人程度のグループリーダーが活躍している。この若手グループリーダー採用制度は、これまで40年間近く同じ形で維持してきている。

9年間も支援する

任用期間については、5年の経過後も、よい成果を出していれば2年間の延長、さらにもう1度2年間延長し、合計9年間は研究活動に携わることができる。グルス会長によれば、若い人によい仕事をしてもらうためには、この程度の期間が必要だとのことである。任期終了後の進路としては、マックス・プランク協会に残る人が15％、ドイツで教授になる人が35％、ドイツ以外の国で教授になる人が35％、ヘルムホルツ協会などのポストを得る人が15％ということで、それぞれの若手研究者が発展的なキャリ

アパスを歩んでいることがみてとれる。マックス・プランク協会でも、このグループリーダー制度はうまく運営されているとみなしている。

19 マックス・プランク科学振興協会の国際大学院

ドイツ全体のシステムに対する国際評価の指摘を受けて

若手人材の育成においては、マックス・プランク協会と高等教育機関の近年の協力の深化も見逃してはならない。これはマックス・プランク協会の国際大学院制度といわれるもので、１９９９年に公表された、ドイツの基礎研究全体の支援システムに対する国際評価の結果に基づき導入された。評価の結果はある程度予測されたものではあったが、指摘事項の一つに、マックス・プランク協会と高等教育との連携強化があった。これはマックス・プランク協会と大学との距離が以前は遠かったということを意味している。

ドイツはもともと、ベルリン大学創立の際に、中世の大学とは袂を分かち、教育と研究を一体として行うというフンボルト理念を生み出した国ではあるが、20世紀においては、この理念はドイツより米国の有名な研究大学における大学院において実現されているのではないかといわれている。ドイツでは、マックス・プランク協会のような研究機関がより先端的な研究を行う機関であると位置づけられており、大学で極めて優れた業績をあげた教授がマックス・プランク研究所の所長となるという構図が固まっていた。これはこれで、効率的に研究を実施する一つの形ではあったが、米国の研究大学の大学院においては、毎年新たな学生が入るとともに、博士号を取得した学生が大学を出て外で活躍するというサイクルが研究活動の活性化を招いていると分析されており、ドイツでも、これこそフンボルト理念の実現ではないかと評されていた。

各研究所単位で近接の大学と協力して国際大学院を設置

そこで1999年の国際評価結果をいわば踏み台として、博士号の授与資格のないマックス・プランク協会では、各研究所において近接の大学と協力して国際大学院を設け、多くの大学院生を養成している。現在、80のマックス・プランク研究所が国際大学院に関係しており、60の大学院が設立されている。その内訳は、26が化学・物理・技術、23が生理学・医学、11が人文社会科学部門に属している。コースは3年となっていて、主として学際領域において研究所における研究の実態をみながら、独立した研究者になる第一歩としての訓練を積むことになる。

半数の学生は世界各地から

国際大学院では、外国からも優秀な学生を呼び集める工夫をいろいろと行っている。例えば、カリキュラムを明示するとともに、博士号取得にあたっての審査の透明性の強化を図っている。2011年現在、この国際大学院を含め、マックス・プランク協会では5252人の博士課程学生が、教育を受けつつ研究に携わっているが、その46・7％は外国出身者である。グルス会長によれば、マックス・プランク協会は、今や米国の、例えばロックフェラー大学のような大学院のみしかない大学とほとんど同じような人員構成になっているとのことである。

20 EUの若手研究者支援グラント

若手支援が欧州全体としての共通認識に

欧州では、ドイツがエミー・ネーター・プログラムを発足させたのと同年に、スイス国立科学財団（SNCF）が「SNCFプロフェッサーシップ制度」をスタート、その後、2000年代前半には、オランダ[1]、スウェーデン[2]などが、同じような将来のリーダーを輩出しようという理念を持った若手研究者支援プログラムを設け、これに続いている。このような中、デンマークを中心とするスカンジナビア諸国のイニシアティブにより、欧州全体としてこのようなプログラムが必要ではないかとの動きが高まり、2004年、フランスのストラスブールに本拠をおく欧州科学財団と欧州研究評議会会長会議の呼びかけにより、「欧州若手研究者賞」という若手研究者支援プログラムがスタートした。このプログラムを試行的に運用することにより、いくつかの問題を克服しつつ、EUは2007年より、「欧州研究会議」（ERC）という新たな組織を設け、傑出した個人の研究者を支援する政策を始めた。若手研究者は、この新たな支援制度の重要な対象となっている。

従来路線と決別したEU

この個人研究者支援プログラムは、EUにとっては従来の路線と決別する画期的な方向転換といってもよい。そもそもEUが1980年代に研究開発を支援する政策を導入したのは、今では考えられない

1 Innovational Research Incentives Scheme.
2 Future Research Leaders.

ことだが、当時の日本の躍進により情報技術をはじめとして欧州の企業が劣勢にたち、このままでは欧州の産業が壊滅するのではないかという危機感に端を発する。そのため、欧州共同体条約の最初の大改正（1987年発効）では、加盟国の研究面における協力による、欧州の産業競争力強化に焦点をあてた条文が新たに加えられた。例えばEUの研究資金を申請する場合は、最低3か国以上の産学公による協力を前提としている。

ところがERCの設立にあたっては、全く逆方向に、EUが個人の研究者を支援することになった。従来の加盟国の協力による産業競争力強化だけでは欧州の世界における地位を維持することはできないので、リーダーシップを持ちあわせた卓越した人材を養成し、今後の欧州の地位を維持していこうという発想である。このような考え方を知ると、多数の国家の集まるEUが、真剣に将来の欧州の姿を考えていることがわかる。

エミー・ネーター・プログラムとの類似性は当然の結果

さて、このERCが発足するにあたり、そのファンディング・プログラムを考える事務局の長に、前述のドイツ研究振興協会の会長であったヴィナカー氏が就任した。研究の世界で人材の流動化というと研究者の流動化が話題になるが、欧州の場合は、組織のトップレベルの人材も流動していることがわかる。ヴィナカー氏は就任後、ERCのグラントの設計にあたり、自らがデザインしたドイツのエミー・ネーター・プログラムの骨格を維持するグラントを構築した。既に研究成果をあげているシニアな研究者に対するものと、これから活躍するであろう若手研究者に対するものの2つが設けられたが、若手研究者に対する支援に、より力を入れている。

スターティング・グラントの概要

若手研究者に対するグラントのスキームは、次のようなものである。申請資格者は博士号取得後2～12年の間の研究者で、国籍に関する制約はない。選考されると支援期間は5年間、支援される資金の総額は150万ユーロ（約2億1000万円）、研究はEUの加盟国あるいは準加盟国[3]内であればどこでも好きな場所で行うことができる。これまでこの若手研究者助成金の対象として選考された日本人は、10人以上にのぼっている。

なお支援額は、EUの加盟国あるいは準加盟国の外から申請して選考され欧州で研究を開始しようとする場合のように研究設備、施設を持たない研究者に対しては、スタートアップ資金として支援額に50万ユーロを上乗せし、上限が200万ユーロ（約2億8000万円）となっている。

このEUのグラントの趣旨も、若手研究者をできるだけ早く独立した研究者にさせることが重要であるとの考えに貫かれている。その背景には、現在の社会には新しいアイデアとエネルギーを持つ次世代リーダーの出現を遅らせる構造的問題が存在し、人的研究資源が劇的に浪費されているという危機感がある。では、「独立した研究者」とはどういう人であろうか。私の想像するに、「自らのアイデアを実現するため、個人で、あるいは多くの場合はチームを率いて試行錯誤し、目標を達成した経験を持つ研究者」ということであろう。そのような経験をできるだけ若い時代に得ることが、将来、学界、産業界、行政を率い、国の内外で活躍することのできる本格的なリーダーになるための糧となると思われる。

日本での逆方向への動きは不思議

このような発想が日本には全くといってよいほどないことが不思議であり、それゆえ世界を率いるリーダーも出てきようがない。たまたま意欲のある指導者がこのようなプログラムを作り、まわりの評

3 研究活動に関して加盟国と同じ条件で算出された負担金を支払う国。イスラエル、トルコ、スイス、ノルウェーなど13か国。

判が極めてよいというような場合でも、施策に対する評価をすることもなく、いつのまにか制度自体が変質したり、なくなってしまう。

例えば、新技術事業団[4]が1991年よりスタートし、若手研究者の間でも評判の高かった「さきがけ研究21」というプログラム[5]が、2001年に突然、何の評価もなく、「さきがけ」という同じ名称を標榜しつつ、トップダウン的な狭い領域のみの若手研究者を支援する制度に変わってしまった。

評判のよい京都大学の白眉プロジェクトにも変化のきざし？

また、私が現時点で日本で一番素晴らしい制度であると考えていた京都大学の「白眉プロジェクト」と名づけられた次世代研究者育成支援事業についても、変化が起きている。この事業は2009年に開始したもので、世界でもトップレベルの若手研究者を自由な環境のもとで研究に専念させ、次世代を担う先見的なリーダーを生み出すことを目的としている。すべての分野にわたる研究者を国際公募し、毎年、最大20名の教員を年俸制の特定教員（准教授または助教）として採用し、中間評価は行わず、5年間にわたり研究の機会を与えるという制度である。年間100～400万円の研究費も措置される。2013年度の実績でみると、応募者は644名、採用者は学外や外国からも含め20名、競争率32・2倍という狭き門であった。このような、世界から若手研究者を惹きつける画期的なプログラムであるにもかかわらず、2015年度の選考作業がかなり遅れている。理由はどうであれ、本当に価値のあるプログラムは継続させることが関係者の義務である。

EUはさらに若手支援を強化

一方EUは、2013年に至り、これまでのシステムをもってしても、博士号を取得して間もない本

4 科学技術振興機構の前身。
5 ほとんど領域を決めずに、ポストのない人も含め優秀な若手研究者に3年間にわたり給与の他に年間1000万円の研究費を支援し、その期間に半年に1度の割合で合宿を行い、分野の異なる俊秀が議論を重ねる場を用意する制度。

来の若手研究者には「実績を示す」という面で不利だということから、さらに変更を行った。従来のスターティング・グラントを2分し、博士号取得後、2～7年までの若手研究者[6]に対するグラントを、これまでと同じ名称の「スターティング・グラント」とし、7～12年までの研究者に対するグラントとして「コンソリデーター・グラント[7]」を新設したのである。

この改革の結果、それまでの予算を2つのグラントに等分したので、実績は少ないが将来性のある、より若い研究者が選考されやすくなった。ちなみに、新しいスターティング・グラントによる支援額はこれまでと同額であるが、コンソリデーター・グラントについては5年間の支援額の上限が200万ユーロ、状況に応じて275万ユーロ（約3億8500万円）まで増額されている。

2014年の実績でみると、スターティング・グラントについては3204名から375名を選考（採択率11.7％）、コンソリデーター・グラントについては2483名から372名を選考（採択率15.0％）している。両方を合計すると747人になるが、これを2つに分ける前の2012年の採択数566人と比べると、EUが若手研究者支援のための予算を大きく伸ばしていることがわかる。

EUのグラントのもう一つのカテゴリーで、最も秀でた研究者に提供する「先端グラント」（アドヴァンスト・グラント）では、国籍・年齢を問わず5年間にわたり上限250万ユーロ（約3億5000万円）、状況に応じて350万ユーロ（約4億9000万円）まで支援している。このグラントでの採択者数をみると、制度のスタートした2008年が282名、2013年は291名と、ほとんど同じ水準で推移している。このことから、EUは若手研究者の支援をより重視していることがわかる。

6　将来の研究リーダーになりそうなグループ。

7　コンソリデートとは、「独立した研究者となる道を確固としたものとする」という意味。

予算でみる驚くべき事実

ＥＲＣの研究グラントでは、若手研究者を対象とするスターティング・グラントとコンソリデーター・グラントの予算の合計と、年齢を問わないアドバンスト・グラントの予算がほぼ同額となっている。

驚くのは予算の伸びである。２つのグラントをあわせた予算でみると、２００７年には３億３４００万ユーロ（約４６８億円）でスタートしたが、２０１３年には18億３８００万ユーロ（約２５７３億円）となり、６年間で５・５倍になっている（図20・1）。ＥＵの予算が７年間という期間で動いているとはいえ、欧州の金融危機にも全く影響されることなく増加を続け、２０１４年から始まった新しい７年計画、ホライゾン２０２０においても同じような伸びが想定されている。欧州の先端研究と人材養成にかける意地のようなものが感じられる。

安定したグラントの欧州、逆の日本

英国王立協会のユニバーシティ・フェローシップは同じ制度が30年以上、マックス・プランク協会のグループリーダー制度も50年以上にわたり維持・発展してきている。ＥＵのグラントもしっかりと発展していきそうだ。これに比べると日本の制度は安定していないというか、もともと短期間の設定であったり、たとえよい制度であっても、時々の思いつきにより何の適切な評価もなく突然に変わってしまうということは理解しがたい。

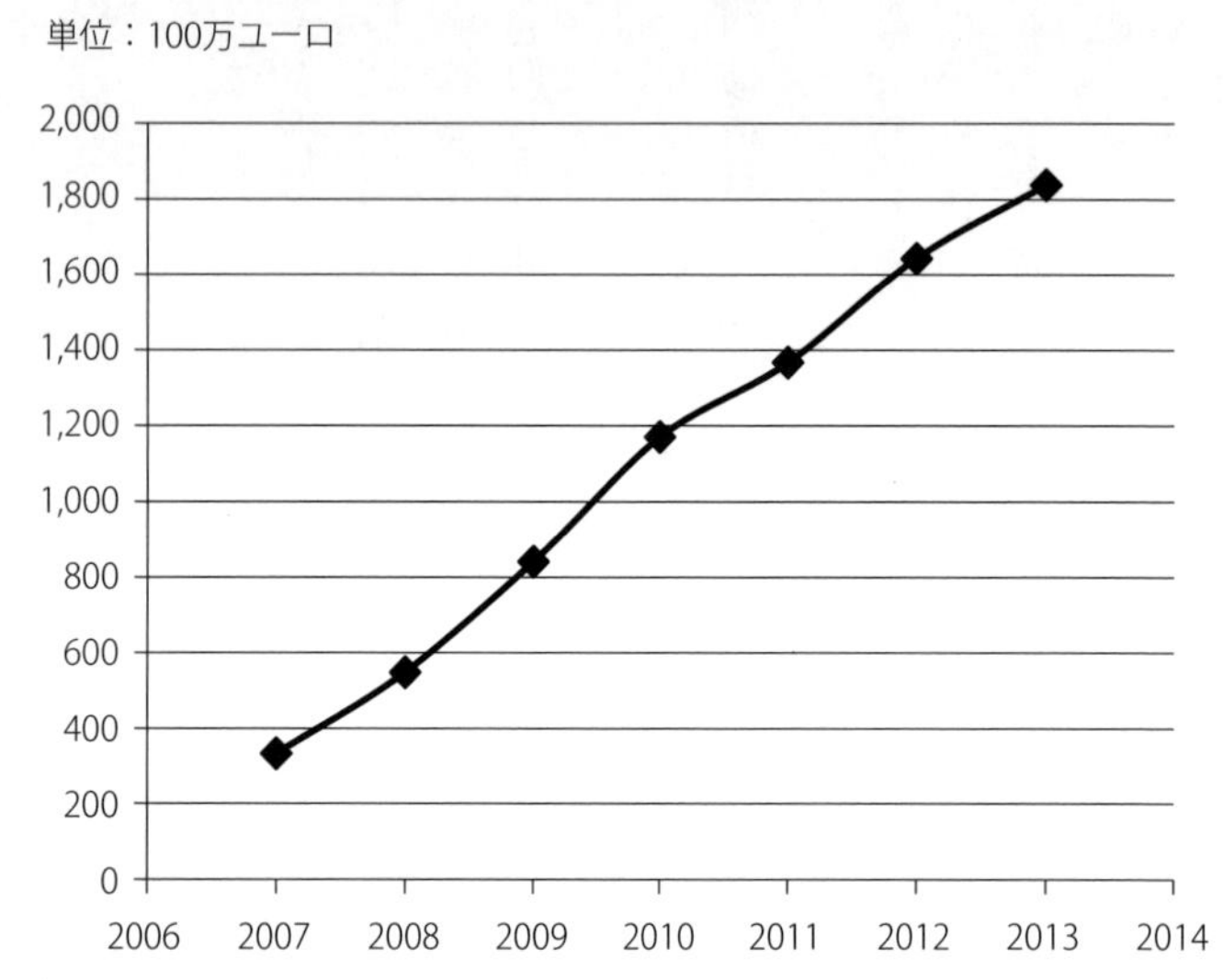

出典：ERC funding activities 2007-2013, European Research Council

図 20.1　順調に伸びる EU 欧州研究会議（ERC）のグラントト予算（6 年間で 5.5 倍に）

21 日本におけるドイツ・イノベーション賞

ドイツの企業が一団となって日本の若手研究者を支援

若い研究者を支援しようというドイツの考え方は、日本においても実現している。在日ドイツ商工会議所と日本で活動するドイツの有力企業11社が協力し、毎年、ゴットフリート・ワグネル賞[1]を提供している。ワグネル[2]は明治時代、伊万里焼（有田焼）の近代化や、各地の大学などで窯業の教鞭をとったことで知られ、東京工業大学[3]の創設者にも名をつらねている。ちなみに11社とは、ＢＡＳＦジャパン、バイエル ホールディング、ボッシュ、コンチネンタル ジャパン、エボニック ジャパン、メルセデス・ベンツ日本、三菱ふそうトラック・バス、メルセデス・ベンツ・ファイナンス、メルク、シェフラージャパン、シーメンス・ジャパンである。

この賞は毎年、応用志向型の研究を行う若手研究者を対象とし、４つの分野で1件ずつ計4件を表彰し、賞金とともに2か月間にわたるドイツへの講演や、希望する研究機関への滞在の機会を与えるというものである。

これは若手研究者にとっては栄誉ばかりでなく、ドイツを訪問して人的ネットワークを築けるまたとない機会である。またドイツ企業にとっても、日本の将来を担う研究者との関係を築くことができる。このような若手研究者支援の事業を、いくつかの企業が協力して実施しているということは、ドイツらしいといえるのかどうかわからないが、素晴らしい事業である。毎年、東京のドイツ大使公邸で行われ

1　略称、ドイツ・イノベーション賞。
2　Dr. Gottfried Wagener.
3　当時の東京職工学校。

る表彰式とレセプションでは、我が国の優れた若手研究者を囲み、日独の産学官の代表者が集まり、華やいだ雰囲気に包まれる。日本でも有力企業が同様の事業を行っていることは考えられるが、企業が一団となってこのような事業を行うという方式は参考になるのではないだろうか。

22 専門大学

社会のベースを作る個々人の技量の認定制度

科学技術分野における人材養成には、最先端の研究を行う研究者ばかりでなく、一般の研究者や産学公連携を行う研究者、産業界の研究者、さらには研究を支援する人材も必要である。ドイツといえば、日本ではマイスター制度が知られている。これは古くからある技能に秀でた職人の養成システムであり、ドイツではお菓子屋さんもマイスターの証明書を店内に掲げていたりする。社会における仕事は、それにふさわしい技量を持った人間が行うべきであり、そのためには認証制度が必要だという考え方である。高度な技術にかかわる仕事についても同じ考え方が貫かれていて、ドイツ、あるいはスイス、オーストリアを含めたドイツ語圏のエンジニアなどの養成システムは、世界における一つのモデルとなっている。

ドイツのエンジニアの75%を輩出する専門大学

それでは、これはどのようなシステムなのだろうか。高等教育機関として実践的なエンジニアを養成する任務を担うのが専門大学というシステムである。専門大学には理科系と文科系がある。理科系の場合、1960年代末までは技術者学校[1]と呼ばれていたものが、大学に格上げされたものである。この専門大学が、ドイツ全土で230校、理科系だけで100校以上はあり、ドイツのエンジニアの約75%を

1 Ingenieurschule.

輩出している。ドイツ語からの直訳は「専門大学[2]」であるが、英語では"University of Applied Sciences"（応用科学大学）と称している。近年はドイツでも州によっては「専門」という名称を省くところもあり、名称だけからは総合大学と区別しにくい事例も出てきている。

視野に入ってきた専門大学での博士号取得

専門大学では、学士号だけでなく修士号も取得することができる。しかし、専門大学の学生が博士号を取得するためには、原則として総合大学に転出しなければならない。そこで現在、政府内では、専門大学に博士号を授与できる権限を与えるかどうかが政治的な課題となっている。この議論はそう簡単ではなく、博士号授与権限の拡大に消極的な総合大学との確執がある。また、もともとは技術者養成という目的を持った専門大学の位置づけが不明確になるという議論も存在する。ただし、政治的にみると、何らかの形で専門大学に博士号授与権限を与える方向に傾いている。

問題は異なるが、ドイツでは専門大学も含め大学進学率が50％となり、これ以上上げることは疑問であるとの声もある。同じドイツ語圏であるスイス[3]は大学進学率が20％であり、大学に進学しない者の多くは、手に職を持つために職業教育を受けている。それでも社会が安定している要因の一つは、大学卒業者と専門的な職業従事者の生涯賃金の差があまりないためといわれている。このことは、スイスでは両者に対する尊敬の度合いにそれほどの差がないということを表しており、大学への進学率が低位安定にとどまっていることも理解できる。ドイツの大学も、どの程度の学生をどの程度教育するのかが課題となっている。

2　Fachhochschule.

3　スイスにはフランス語圏、イタリア語圏もあるが、教育システムは全体としてドイツ的である。

当然の前提となる産学公連携

理工系専門大学は、技術者学校というその前身の歴史が物語るように、製造業をはじめとする産業界との関係が深く、一心同体のようなところがある。一番明確なポイントは、専門大学の教授になるためには5年以上の産業界での経験が求められていることである。このため、産学公協力の推進といっても、教授自身がそもそも産業界での長い経験を持つので、外部との協力を考えるとき、自然に産学公協力になってしまうという、イノベーションのエコシステムが存在する。

ドイツが誇る数多くの中小企業にとっても、技術的な面での相談相手になってくれる専門大学が身近にあることは、相当に心強いものと思われる。ドイツのユニークな産学公連携促進機関として名高いシュタインバイス技術移転会社も、専門大学の存在があってこそ成り立っている。

23 フラウンホーファー応用研究促進協会

産業界で活躍できる博士課程学生の養成機関

フラウンホーファー協会は、ユニークな運営、財政形態を有すると同時に、ドイツにおける若手人材の養成に果たす役割も限りなく大きい。フラウンホーファー協会の目的は産学公連携であるが、その66ある研究所のすべての所長は、基礎研究を目的とするマックス・プランク研究所の所長と同じく、大学教授が兼任している。ドイツにおける博士号授与権限は大学だけにしか認められていないので、公的研究機関は、大学との連携強化によりこの弱点を克服している。フラウンホーファー協会の雇用者数は約2万2000人であるが、その内訳を聞いて驚くことには、そのうち6000人は大学院生などの学生だということだ。

不明瞭な目的で博士人材を量産する日本

日本と異なり、将来、独立した研究者あるいは産業界で活躍することを夢みる大学院生は、博士課程になると相当に自立していて、フラウンホーファー研究所に雇用されることをキャリアアップへの道と考えている。大学教授である所長が、よい学生を惹きつけるということもある。その結果、多くの大学院生が昼間はフラウンホーファー研究所の業務につき、その他の時間や週末を利用して博士論文を作成している。

一方、日本の大学院教育は不思議である。そもそも大学院生の将来の人生設計を見通したうえでの制度設計となっていないため、博士課程を卒業しても就職先がなかったり、ポスドクになっても「ポスドク問題」が発生し、いまや、修士課程から博士課程へ進もうとする学生が減りつつある。

国家における博士課程の設計として、日本のシステムはそもそも変わっている。理工系の博士課程の学生から授業料を徴収する国はほとんどない。米国の理工系博士課程の場合は、授業料は必要なものの、大学などからの奨学金などで充当することができる。先進国の中には、博士課程の人材を一人前の研究者として扱い、生活費を支給するオランダのような国もある一方で、年間数十万円という授業料を徴収するばかりでなく、学業専念義務を課してティーチング・アシスタント（TA）のような事例を除き兼業を認めない我が国の大学院運営の方式が、国際的に魅力のないものに映るのは明らかである。これでは特殊な事情でもない限り、まともな国の学生が日本に来るわけがない。

若手人材の頭脳の流動により知識移転が完成

フラウンホーファー方式の場合、博士論文の作成には時間を要し、6〜7年かかる場合も多い。しかし、フラウンホーファー研究所の仕事、すなわち研究開発の依頼先である企業との仕事をこなしていくうちに、産業界の考え方、振る舞いなどを自然に会得し、貴重な人的なネットワークを築いていくことができる。彼らは、博士論文作成の終了後も、普通は1〜2年フラウンホーファー研究所に残り、その後、多くの人材が産業界から歓迎される人材として巣立っていく。フラウンホーファー協会では、大学からくる若い人材はアイデアの宝庫であり、大学からフラウンホーファー協会を通して産業界に巣立つ移動、モビリティこそが、外からはみえにくい知識移転、技術移転そのものなのではないかと考えている。

リーダーの養成も抜け目なく行うフラウンホーファー協会

フラウンホーファー協会は、このような形で産業界で働ける博士号取得者を大規模に養成しているほか、自らの研究所のリーダーになる人材の養成も怠ってはいない。「フラウンホーファー・アトラクト」プログラムでは、産業に関連する研究に関心を持ち、応用可能性を有する創造的なアイデアの持ち主である博士号取得者を、本部と研究所が共同して探索し、これと思った人材に5年間、250万ユーロ（約3億5000万円）の規模でチームのリーダとして研究を実施させ、その後、リーダーに進ませるというものである。

このプログラムのユニークな点は、当然に想像されることではあるが、自らのアイデアの中に3年後あたりから外部資金の導入を目指すことを入れこみ、5年経過後には、フラウンホーファー・モデルに従った事業、すなわち、外部資金から3分の2程度の収入を見込んだ事業計画に発展することを考えなければならないことである。フラウンホーファー・アトラクトによる若手研究者は、定常的に100人程度存在する。2万人という全職員の規模からみると、彼らは明らかに将来のフラウンホーファー協会を担うエリートとみなされている。このように、ドイツではどの大規模研究機関においても、若い頃から将来のリーダーを養成しようとしていることがわかる。

24 シュタインバイス技術移転会社

シュタインバイス技術移転会社[1]（以下、シュタインバイス）は、人材養成という面でも大きな役割を果たしている。シュタインバイスのシステムでは、大学教授などが個々のシュタインバイス・センターのセンター長となり、大学の業務と離れて企業との協力活動を行う。その際、大学院生やポスドクとともに専門大学を終了したエンジニアが大きな役割を担っている。日本と比べると、エンジニアとして独立して業務を行う人材がかなり多いものと考えられる。

1 第2部7－4参照。

ドイツ最大の私立大学も設立したシュタインバイス

このような業務を行う中で、シュタインバイスでは、技術とマネジメントの両面に能力を有するプロジェクトリーダーへの需要が世界的に高まると考えた。そこで、国際的に著名な理工系大学を卒業し、技術系の学位を取得済み、あるいは文科系の高等教育で経済学等の学位を取得している、一定期間以上の就業経験者に対して、企業のプロジェクトに参加させながらマネジメントの理論教育と実践指導を行うことを目的とするシュタインバイス大学を、1998年の財団収益事業部門の完全民営化にあわせて、ベルリンに設立した。シュタインバイスの本拠地は南部のバーデン・ヴュルテンベルグ州であるにもかかわらずベルリンに設立したのは、ベルリン州政府の支援が他の州と比べて一番大きかったためという単純な理由である。

シュタインバイス大学の成り立ちは、各地の技術移転センターで実質的に個別に実施していた活動をすべてインスティテュートとして衣替えし、それまでは単にコースの修了証明書を発行していただけであったものを、学位を授与できるように変えたことである。現在、インスティテュートは全部で178[2]ある。大学なので試験に関する統一的な基準があり、学生のレベルの管理は以前よりしやすくなったが、統一的なカリキュラムはなく、同じようなプロジェクトでも解決方法や教員が求めるレベルはインスティテュートごとに異なる。多くのインスティテュートがベルリンにあるので、ベルリン以外のインスティテュートは、カリキュラムのどこかでベルリンでのスクーリングを含めることになっている。

この大学は今やドイツ最大の私立大学となり、学生数は1998年に修士36人で始まったものが、いまや学部4660人、修士1896人、博士課程51人、総計6607人（2014年）を数えるまでになった。平均年齢は31・8歳、これまでの卒業生の数は、1万854人とのことである。これに対して、教授陣は1862人だが、専任教授は61人であり、兼務の教授が1793人となっている。

大学と学生と企業の関係は

シュタインバイス大学における大学と学生と企業の関係をみると、企業からの派遣というケースが最も多い。また、大学ではニーズを持つ企業と入学したい若手人材のマッチングを行っており、パートナーシップが成立した場合に、その企業が大学でかかる費用を負担することもある。授業料の支払い方には、①企業がシュタインバイス大学に払う、②企業が学生に支払い、学生がシュタインバイス大学に納入する、③学生がシュタインバイス大学に直接支払う、というように色々なケースがある。

企業と学生の関係も、①在学中も給与が支払われるケース、②休職扱いとなって授業料のみ企業が負担するケース、③シュタインバイス大学に企業が支払った授業料から学生に1000ユーロ（約14万

2　同一の内容のものもあるため、コースで数えると56。

円）あまりの生活費を支給するケースなど、さまざまである。企業への課税や社会保障負担額の相違によって契約者、契約条件等が異なるが、もちろん中心になるのは、企業に属しながら、すなわち給料をもらいながら、企業内のプロジェクトとしてコースを履修するケースである。

特異な学習の内容

この大学の特徴は、座学は当然として、その他の時間では、企業の課題をベースにしてどのようにすれば大学との連携が行えるかを、現実に資金を負担する企業の事例をもとに、企業を現場として大学の講師陣とともにその実現を図っていくことにある。例えば、次のような例がある。

企業から、中小規模の酪農経営において、雇用されているエンジニアに経営管理の知識と実践を指導してほしいという依頼がある。そこで、経営管理、サービス等に関する実践的なコースの修了後、大学の学位に必要なアカデミックな知識を学べるコースを設計する。この場合、大学にインスティテュートを設置して学生が来るのを待つのではなく、学生がいるところでコースを開催するのが原則である。

大学は、運営にあたっての公的財源の受け入れはなく、政府からは完全に独立した教育機関である。大企業のリクエストによるプロジェクトもないわけではないが、多くが中小企業との関係で成り立っている。したがって、授業料はシュタインバイス大学本部ではなく、各インスティテュートが決めてコースを運営する仕組みになっている。

コース（プロジェクト）は企業のリクエストによって設定されるので、ドイツ企業が自社の海外法人のために利用する場合、あるいは、コース全体をイスラエルで開講するというような場合もある。ドイツには、研究開発能力があり、グローバルな場で競う中小企業が多いため、このような形態の大学が成立する。修士号を取得する学生が多いが、博士号取得コースもある。シュタインバイスの中興の祖、レーン博士は、本部の理事長を退任したのちも、この大学の学長を引き続き務めている。

看護・介護などのヘルスケア分野の資格

現在、シュタインバイス大学で積極的にコースを設定しているのが、ヘルスケアの分野である。これまでドイツでは、ヘルパーや理学療法士の職業訓練制度はあったが、この領域の高等教育（大学の学位）は存在しなかった。理学療法士が大学で心理学を学ぶといった道はあるものの、例えば老人介護施設でマネージャーとなるための資格を学ぶコースはない。ヘルスケアの分野はいまや職業の幅も広がり、さまざまな職業訓練コースや資格が必要となってきている。そして大学での学位も求められているが、既存の教育制度の中ではなかなか世の中の需要に追いついていない。

そこで、商工会議所を中心に、どのようなカリキュラムで職業訓練がなされるべきかが検討され、さらにこのうちどの部分を学位取得コースに導入するかなどをシュタインバイス大学と議論し、連携が模索されている。その理由は、この分野では企業に属しながら在学するという通常のケース以外の事例も多く、例えば、小さなクリニックで働く理学療法士や、フリーランスのヘルパーなどもかなり存在し、企業がプロジェクトとしてコースを履修させるというケースに当てはまらない場合があるためである。

25 商工会議所・手工業会議所

似たような人材養成が日本にはあるのか

このようにみてくると、ドイツで行われているような幅広い職業的能力を目指した人材養成は、日本では高等専門学校などを除いて、ほとんど似たような事例がないことがわかる。

さらにドイツでは、大学進学を目指さない生徒に対しても十分な職業訓練の機会を与えている。彼らは日本の中学校レベルを卒業すると「学校＋職場実習」による、いわゆるデュアルシステム（二重教育、あるいは二元教育）として知られる職業訓練コースを受ける。これは例えば、週1～2日、職業学校で理論を学び、週3～4日、企業で実務をしながら、3年間くらいかけて一人前になるというものである。

法的に教育に組み込まれている商工会議所・手工業会議所

ここで登場するのがドイツ語圏に特有の会議所というシステムである。手工業と産業では少しシステムが異なるので、ここでは商工会議所の場合をみてみる。日本にも商工会議所はあるが、その機能は全く異なる。ドイツ全土には80の商工会議所があり、ドイツのすべての商工業に属する企業は所在地域の商工会議所に属する義務があるので、およそ360万社の企業が登録されている。企業内の訓練に関して、ある企業群が特定の技能の訓練は共通的に必要な基本的知識だとして商工会議所に申請すると、連邦レベルの商工会議所で議論される。その結果、一般技能として必要だという判断が下ると、企業内実践訓練のカリキュラムに組み込まれる。これは将来生徒が、例えば自動車関連の会社に就職しようとする場合、フォルクスワーゲンでもメルセデスでも機械工として就労できるようにするためである。

企業の担当者は、育成プランの内容ばかりでなく、生徒の訓練進捗状況や技能のレベルを記録し、地域の商工会議所に報告する義務がある。一方で、商工会議所側もこれを管理することが法律的に義務づけられている。企業内実践訓練に関するカリキュラムは商工会議所の所掌となっていて、政府ではない。職業学校での理論の勉強の修了証書を獲得した後、商工会議所の実習試験に合格すれば、はれて一人前の専門職として全国どこでも仕事に就けるようになる。ドイツでは、このような産業を支える職業教育のような基盤的部分においても、産学公連携が法的なバックグラウンドを持って実施されている。

第4部

日本への示唆

26 研究開発だけでない ドイツの発展に寄与する要素

社会システム全体の変革

　これまで、科学技術・研究政策をテーマとして政策を作り出す土壌、政策のもたらす効果を中心としてドイツの特徴について述べてきたが、近年のドイツの発展は、このような科学技術・研究政策の効果によるばかりではなく、社会システム全体の変革に負うところが大きい。特にメルケル首相の前任者であるシュレーダー首相の功績を忘れてはならない。シュレーダー首相は、ブラント首相、シュミット首相という戦後のドイツ史に名を残す社会民主党（ＳＰＤ）に属する政治家であった。ＳＰＤは元来、労働組合をバックに成長した政党である。しかし、２００２年に就任したシュレーダー氏は、当時の惨憺たるドイツの経済情勢を前にし、周囲の予期しなかった政策の導入に打って出た。それは、労働市場における流動性の上昇である。失業保険の給付期間の短縮など、労働者層にとって必ずしも利益とならない政策の導入により、ドイツ経済の活性化を図ろうというものであった。

　シュレーダー首相の政策は、政治的イニシアティブが適切に発揮され成果をおさめた事例であるが、在任中に成果が出たわけではない。彼は首相としてはドイツでは珍しく第２期を全うすることなく中途で退任せざるをえず、その後の政治生命も断ち切られた。しかしながら彼の政策の効果は、保守党党首メルケル氏が首相となってから如実に現れ始め、それが現在のドイツの欧州における躍進につながっている。この政策により、２０００年代のドイツの労働生産性は、ギリシャやフランス、スペインなどの諸国と比べると相対的に高くなってきた。

経済危機管理の成功

経済危機管理においても、ドイツはよい結果を出している。ドイツの企業経営の特徴は、監査役会で経営者側と労働者側が半数ずつ（従業員2000人以上の場合）を占める、共同決定法の存在である。ドイツ経団連（BDI）で労働者の有する共同決定権についてたずねたところ、これまで経営者は共同決定権には常に否定的立場をとってきたが、金融危機を乗り越えられた一つの要因は、共同決定法に基づく労働者との対話により、雇用を守るために時短を実現でき、能力ある人材を解雇することなく社内に維持し、危機後の発展に活用できたことだと判断している。このことは、ドイツがそのユニークな共同決定法の存在により経済危機をうまく乗り切ったことを示している。

EUの存在

EUとの関係でオープンな仕組みを作る必要に迫られ、経済的合理性に基づく制度改革を積み重ねて企業活力が発揮できる土台を構築してきたことも、ドイツ経済の活性化の一因である。ユーロの存在も、さまざまな意見はあるものの、一役買っているといわれている。このところ南欧諸国のユーロ危機が話題になっているが、ユーロの存在により為替レートの変更がないため、労働生産性の高まるドイツの輸出産業には都合がよい。

特許の取得について欧州各国を比較すれば、ドイツの技術の底力は一目瞭然である。そのうえでこのようないくつもの要因が積み重って継続すれば、相対的にドイツの産業競争力がいやがうえにも強くなることは、自然の成り行きではないだろうか。

27 日本への示唆

日本では時折、「日本版○○」というものが登場するが、あまり成功したためしはない。特に米国のものを焼き直す場合が多いが、米国と日本では社会基盤が根本的に異なり、そうそううまくいくはずがない。

そこで、ドイツであれば国民性も似ていそうだし、米国ほど極端に日本と異なるわけでもないので、意外とうまくいくのではないかと思うのも無理もない。最近も、フラウンホーファー協会の経営モデルへの関心が高まり、ドイツのフラウンホーファー協会本部への訪問があとをたたない。しかし、いくら米国ほどすべてが異なるというわけではないにしても、ドイツのシステムでさえあれば、我が国に導入しやすいといえるのであろうか。

私も学生時代に初めてドイツに行ったときには、多くのドイツ人に、「日本は東のプロイセンだ」といわれた[1]。ドイツ人も、日本人は少し似ているところがあると思っているかもしれない。しかし、端的にいえば、発想の違い、社会システムの相違が大きく、まねるという選択肢はない。これから、科学技術にも関係するいくつかの側面でドイツの特徴を考えながら、我が国との比較を試みていきたい。

1　最近はそういうやりとりは聞かなくなった。

27-1 知的なものへの敬意

ドイツ社会には今でも、知的なものへの敬意があるのではないだろうか。政府予算においても基礎研究への投資が多いし、ノーベル賞受賞者も多い。また、科学研究はボトムアップで行うという意識が徹底していて、ドイツ研究振興協会のようなファンディング機関、基礎研究が中心のマックス・プランク協会、あるいは応用研究が主体のフラウンホーファー協会などいずれの組織においても、一度政府から入った予算の使い道について、政府が口出ししている様子はない。科学者、研究所、大学の自治意識は相当高く、特に基礎研究については、とにかく研究者の発意を尊重し、支援人材を配置し、研究者のために研究する時間を確保するという考えが徹底している。大学外研究機関については、予算の複数年度における利用などを認めるため、わざわざ連邦法を作っているほどである。毎日のように霞ケ関の官庁と対応している日本の機関の行動様式とはずいぶん違う。

研究組織の名前についても、量子論の父とも呼ばれるマックス・プランク、物理学者・光学機器技術者のフラウンホーファー、19世紀半ばのドイツ科学を代表するといわれる生理学者・物理学者のヘルムホルツ、微積分法で有名な数学者・哲学者のライプニッツなど、高名な学者の名前を冠している。ドイツの科学の歴史を作ってきた先人を、現在でも社会が尊敬している気配が読み取れる。

日本の場合は明治時代に科学をシステムごと輸入しているので、戦前はわからないが、いまでは知的なものへの敬意がそれほど大きいとは思われない。直接の関係はないが、ドイツでは博士（Dr.）や教授（Prof.）という称号はいわば名前の一部のようにみなされている。有名な音楽祭のチケットの予約をしようとしたら、ドイツ人の友人が名前にはProf.をつけておいた方がよいなどと、冗談だか本気だかわからないようなことをいう。少し行きすぎではないかと思われるが、知的な考えができる人は社会でそれなりの扱いを受けていることも確かである。日本では今でも、博士号を取得しても仕事がなかったり、社会の組織の中でほとんど博士が働いていないなど、両国の状況は全く異なる。

27-2 政治と科学のバランスを取る微妙な仕組み

一体、最終的には誰がどこで決めているのかという点で、ドイツの行政システムを理解するのはなかなか難儀なところがある。とにかく、いろいろなバランスの上に成り立っている。まずは連邦と州の関係である。そもそもドイツ連邦共和国の成立前に州が実際の行政実務を執行していた現実、憲法により州に主権のある行政分野がかなりあることなどから、連邦と州の双方が入った審議会や合同決定機関がある。

科学研究の場合はさらに複雑である。戦前にナチス政権が科学を政治目的のために利用したことへの反省もあり、例えば科学政策の決定に関与する科学審議会は、審議会を構成する科学委員会の委員や事務総長を大統領の任命としたり、ドイツ研究振興協会の委員会における議決票数で連邦・州政府が科学者側を上回らないようにするなどの工夫をしている。弱点は、国家としての最終的な意思決定までに時間のかかること、よい点は、国家意思の決定に多くの人間、機関が関与していることであろうか。

行政機構の成り立ちが全く異なるので、比較して是非を議論することはできないが、日本の場合は科学者の代表と政府側が半数ずつを占める会議の場でプログラムの是非などを議論することはない。次の年度の予算要求における新たなプログラムは、担当省庁が関係者と打ち合わせて決めることが多いし、その後、予算がつくと、そのまますぐ実行に移される。ドイツの場合、例えば連邦政府が新たに大学に対する研究支援予算をつけようと考える場合、連邦政府と州政府の合意を取りつけるプロセスはかなり複雑で、数年単位で時間をかける必要がある。その間関係者は、政策の中身、財源の負担を真剣に議論する。政治的にも行政的にも、かなりもまれるわけである。これに対して日本の場合は、議論はあるが、それは担当省庁、財務省、内閣府という関係機関内でのものがほとんどであり、テーマも新政策ということで毎年のように変わっていく。

27-3 制度を自ら作り上げる

ドイツの特徴の一つは、制度を立ち上げるにあたって他国の制度をまねるということはあっても、その際に理屈をたてて自らのものとして消化し、一度実施に移ると、相当長期間にわたって同じ施策を継続するところにある。古くは、ドイツの技術系統合大学はフランスの今でいうグランゼコール[2]を手本としていたが、長い歴史を経て、アーヘン工科大学などの世界一流の大学に育っている。日本も、明治時代に世界で初めて工学専門の大学教育を始めたことは、誇れることである。

若手研究者支援は、1969年にスタートした、才能ある若手研究者を雇用し、相当な金額の研究費を長期間支給して、若いうちにマネジメントのできる研究者として自立させるというマックス・プランク協会のグループリーダー制度がその原型である。そのよさをふまえ、1999年にはドイツ研究振興協会のエミー・ネータープログラムが発足し、さらにはこれがEUのファンディング機関である欧州研

2 国立土木学校や国立理工科学校。

究会議（ERC）の新設した研究者支援事業にも引き継がれている。

日本の場合は、1991年にスタートし、非常に評判のよかった新技術事業団[3]の「さきがけ研究21」の場合でさえ、2001年の科学技術庁と文部省の統合の余波を受けて、政策的な評価を受けることなく、制度の内容が変質している。同じく評判のよい京都大学の独自財源による「白眉プロジェクト」も若干、将来が不透明になっている。

このようなファンディングの事例でみると、日本とドイツの政策運営には大きな違いがある。制度の立案にあたっては、制度の理念、目的、コストベネフィットを十分に理解する必要があり、一度よい制度を始めたとなると、長期にわたり継続していく。そのためドイツでは専門家を尊重する、場合によっては尊重しすぎるきらいもある。したがって、研究所ではない企業や行政においても、博士号を持つ人が多く、しかも彼らが長い間同じポストにいることもまれではない。これに対して日本では、企業や行政において博士号を持っている人はほとんど皆無に等しいし、行政機関の場合は2年でポストを変わることが普通である。これだけ正反対のシステムが世界の中で共存しているということになると、相互に学べることもありそうだ。

3　当時、現科学技術振興機構。

27-4　ボトムアップ、政策立案でもファンディングでも

日本の場合、ボトムアップの政策は考えにくい。ドイツでは、以前は別として近年は、例えばエネルギー政策に象徴的に現れているように、とにかくそこらじゅうで議論され、それが最終的に集約されて政策決定につながっていく。原子力発電の場合は、福島原子力発電所の事故以前は、原子炉の稼働期間

延長という方向にまとまりつつあったが、福島での事故が起こると、国民の反対運動の広がりにより、結局、原子力をやめることになった。ちなみに、いまドイツ政府が強く進めているインダストリー4・0は、もともと産業界からの提案であったことが、政府のハイテク戦略の中に明記されている。

ボトムアップで世の中を動かしていく方が結局は長続きするという考え方は、随所でみられる。ファンディング機関であるドイツ研究振興協会では、科学者による自治意識が徹底していて、申請書類の審査員も科学者による投票で選ばれている。それでシステム全体が動き、研究不正に対する自浄作用も強く働く。ファンディング・プログラムの設計は、もちろん機関自らが行い、政府は毎年、予算を増額していく。予算の使い方なども、連邦法まで作って、できるだけ負担がかからないようにしている。国民の信頼があるからこそ、このようなよい循環が現実のものになっているのであろう。「隗(かい)より始めよ」ではないが、科学者、技術者、さらにはこれらの人々をたばねる組織が一丸となって、科学、技術の社会への有用性を継続的に伝えたり、議論をしていく努力をしていかない限り、日本の現状を変えるのは難しいかもしれない。

27-5　外の声を政策へ、シンクタンクの拡充

政府が外部の声を聴くための対象も変化している。例えば連邦教育研究大臣の設置する審議会（ハイテク・フォーラム）は、産業界、研究界、その他の団体が、それぞれ3分の1ずつの割合を占めている。しかも、その他の団体の中には労働組合ばかりでなく、最近では市民運動団体の代表などを入れ、政策立案と市民との関係を近づけようという動きがみられる。どの団体を入れたらよいのかという議論

には随分と時間をかけた模様だが、いずれにしろ広く社会の声を聞かなければいけないという政府の強い問題意識が感じられる。

日本にとっての外圧に相当するものは、ドイツの場合はEUの存在である。EUが大枠での決定をすれば、ドイツもそれに従わなければならない。逆にEUからの外圧を利用して政策を決めるという側面もある。結果的に、透明性のある政策立案に役立っている。

政策立案にあたっても、多様なアイデアが大事である。そういう問題意識から、ドイツではシンクタンク機能を拡充し、予算もつけ、外からさまざまなアイデアを求めている。これらは政策立案を一握りの政府職員に任せてはいけないという、政治あるいは国民の意思の表れだと思われる。

最近の政策であるインダストリー4・0などをみていると、ドイツの政策ではある程度先というか、これから社会に起こることを念頭において、あるいは社会の変化が見通しにくいので国民に考えさせるという前提で、政策立案を進めている。いわば、どのようなことが起こるかはわからないので、国民に備えさせる、考えさせるという政策なのかもしれない。中小企業対策も、ドイツは現在強い中小企業を、今後ありそうな変化を克服できるようにして、さらに強くしようとしている。

27-6 ネットワークの構築

ドイツでは行政効率の向上が話題になる場合、必ずネットワークの強化による関係者間の協力、情報の共有という解決案になる。研究機関の統合という話題は皆無ではないが、めったに出ない。日本では、行政改革というとすぐに統合による数合わせに直結する。

理由はいろいろありえるが、ドイツの場合一つ確実なのは、公的な研究機関の場合、州が資金の分担をしている場合が多いので、たとえ連邦政府が多くの資金を拠出していたとしても、相手の州が異なる場合は統合させようにも実現させにくい事情がある。例えばヘルムホルツ協会の一員である研究機関の場合、立地する州が基盤的運営経費の10％を負担している。そこで、異なった州に立地しているヘルムホルツ協会の研究所を統合しようとしても、パートナーの州が異なるため、難しい。日本では国と県が同時に財政的な支援をする機関はないので、状況が全く異なる。

マックス・プランク協会の場合は、そもそもの思想が「所長にあわせて研究所を作る」ということなので、合併という発想は出ない。フラウンホーファー協会の場合は「研究所の運営ができなくなれば廃止」という考え方なので、これも原則的には合併ということはない。

これらの研究機関と大学との統合となると、そもそも憲法上の権限が異なるため、機関を管理運営する法律も連邦法と州法で異なり、とても実現には至らない。ここまで考えると、カールスルーエ大学と、ヘルムホルツ協会の一員であるカールスルーエ研究所の合併による、カールスルーエ工科大学（KIT）の誕生は、極めてまれなケースであったことがわかる。ドイツでもトップに強い意志があれば何でも可能になるのかもしれない。

さて、では研究機関間のネットワークの樹立、強化は効果をもたらすのだろうか。ネットワークの強化を狙ったヘルムホルツ協会設立の例でみると、現実には所属研究機関が一体となって社会的課題へ立ち向かうことができるようになったほか、国民とのコミュニケーションも円滑になり、予算も増えているので、肯定的に評価された事例であると思われる。

27-7 リーダーの存在

どんな組織にも、その組織を維持し、競争を克服し、生き延びるためにはリーダーが必要である。ドイツの場合、戦後の政治家、中でも連邦首相をみるとわかりやすい。リーダーかどうかを考えなくても、首相の名前をそれなりに挙げることができる。アデナウアー、ブラント、シュミット、コール、シュレーダー、メルケルなど、ドイツ人でない私でも多くを思い浮かべることができる。今ここで述べなかった首相はエアハルト、キージンガーだけであるが、日本の場合は最近の首相でもなかなか思い出せない。

ドイツも日本と同じ敗戦国であり、戦前ヒトラーに統率されたからかどうかはわからないが、「エリート」という言葉は好まないようである。エクセレンス・イニシアティブも最初はエリート大学の必要性という議論から始まったが、最終的にはエリートという言葉が抜け落ちている。英国ではケンブリッジ大学やオックスフォード大学の出身者はエリート候補者であろうし、フランスでは国立行政学院や国立理工科学校出身者は自他共に認める国家の幹部候補である。

ドイツの場合、メルケル首相は旧東ドイツの出身であり、どうみても民主主義国を率いるエリートリーダーとして養成されたとは思えない。それでも国を率いるリーダーになったということは、そのような人材を育てるエコシステムのようなものが存在するからであるに違いない。

日本では面白いことに、「リーダー不要論」というものもある。やはり、戦前のリーダーの誤った国家統治により不幸な戦争に突入したことへの明確な記憶、戦後のキャッチアップによる高度経済成長の成功という2つの要因により、変なリーダーならいない方がましだという考え方が、相当強く国民の間に浸透しているように思われる。しかし、日本の高度経済成長は長い世界史の展開におけるほんの一時の極めて珍しい環境の中での成功であり、一般化することはできない。

よいリーダーを生む環境は、何も政治家を生むだけではない。科学者の中にも、研究での業績をあげるとともに、大きな組織を率い、リーダーシップを発揮する人材が何人も輩出されるのは不思議なことではない。本書に登場する研究機関などのトップを務めた人々は、皆、世界をまたにかけて飛び回っている。それに比べて日本の場合、海外に自由に行き、話をし、会議を主宰できるような人材は非常に少ない。これでは太刀打ちできるはずがない。

ところで、リーダーになる一つの必要条件（十分条件ではない）は、歴史を語れるということではないだろうか。ドイツで面白いのは、組織の経緯、その前の経緯などを聞くと、待っていましたとばかりに、10年、20年、30年、あるいはそれ以上前からの流れを立て板に水のよう語ってくれる人が相当いることだ。聞いていても楽しい。歴史を語れるということは、全体の把握、現時点での位置づけが、それなりにきちんとできているということに違いない。

27-8　伝統と革新

伝統への自信も、ドイツの特徴の一つである。伝統にもいろいろあるが、「働かざる者、食うべからず」という堅実主義的な考えが底流にあり、専門知識を有することが高く評価される。高等教育と職業教育が並立し、どちらも資格をベースとして構成されている。肩書を大切にする習慣も、自分が何ができるのかということを対外的に示す必要があるというのが、もともとの考えであろう。

職業教育においても、デュアルシステム、すなわち理論の伴った実践が求められており、学校での座学とともに、企業での実習が極めて重要な役割を果たしている。ドイツではどのような産業の仕事につくにも、それに備えた職業能力を準備しておく必要がある。職業高校や専門大学における教育は、専門的な職業能力の取得にかなり特化していて、そのような専門的能力を備えて初めて職業を探すことができるし、就職先もみつかる。

日本でも高等専門学校の卒業生が企業から人気があるといわれるのは、同じような理由からだと思う。若いうちに自分の仕事に自信を持ち、職業選択にも困らないという状況を作ることは、どの国でも大事である。

最近、日本でも「大学在学中に夏休みなどを利用して海外でインターンシップを」というなかなかよい試みが始まってきているが、「2~3週間ドイツでインターンシップを体験させたい」と相談すると、「2~3か月の間違いでは」という返事が返ってくる。確かに2~3週間で、しかも言葉の異なる国で職業実習ができるはずがない。何を目的とする教育なのかという原点に戻り、ドイツのよいところをまねるというのも一つの方法ではないかと考えられる。

ところで、ドイツの産業構造にはまさに伝統と革新がある。ドイツでは19世紀後半から20世紀前半にかけて、機械工業、化学工業が栄えてきたが、その後も衰えることはなく、これらの産業が核となって一大産業たる自動車、電気電子産業などが興隆してきた。英国のように「製造業はやめて金融産業へ」というような突然の飛躍を考えることもなく、着実に前進するのがドイツ流なのであろう。ものづくりへの自信があることは確かである。そういう中で、インダストリー4・0のような政策を打ち出し、国全体の行くべき方向について国民による議論を触発するとともに、標準化やセキュリティというような民間だけでは対応できない部分において、政府は強い支援をしようとしている。

27-9 社会システムと一体化した産学公連携

ドイツはまさに世界で一番、産学公連携のシステムを縦横無尽に張り巡らせ、有形、無形の産学公連携を実現しているといえる。フラウンホーファー協会のシステムは、欧米の各国がその導入を既に実施、あるいは検討しており、日本だけがフラウンホーファーと叫んでいるわけではない。問題は、フラウンホーファー・システムの本質を理解したうえで導入しようとしているかどうかである。ドイツが面白いのは、米国とは違う伝統的な社会の中で世界に誇るシステムを作り、それを維持、発展させていることである。

ここでのポイントは、いわゆる縦割りがあまりみえないというか、日本的にいえば異なる官庁、あるいは組織に関係する団体が、産学公協力という観点からは一体的に協力していることではないだろうか。研究資金の多くは連邦政府、教育予算は州政府という仕分けのある中で、日本でいえば国立研究開発法人と大学との、教育を含めた協力がしっかりなされている。また産業界も、インダストリー4・0におけるように、情報通信、機械、電気・電子という全く違う団体が協力し、政府は関係者すべてが参加できるプラットフォームを作り、それを応援している。

クラスター政策でもそうだが、そもそも政府は、プロジェクト自体に資金を出すより、縦割りを越えて関係する人々が意思疎通を図れるようにするためにクラスターのマネジメントを重視し、そのための人件費、環境作りに力を入れる傾向にある。職業教育においても、商工会議所は企業との連絡役として不可欠な役割を担っている。本来、縦割り社会の中だけでも生きていける機関が、横断的な産学公協力をするように仕向けるシステムが働いているように感じられる。

ドイツにおける高等教育機関支援の最大の施策であるエクセレンス・イニシアティブは、①大学院、②エクセレンス・クラスター、③未来構想支援事業の3本立てであるが、①は教育、②は研究、③は両方である。

27-10 研究と教育の一体化

日本でも、文部科学省は2つのフラッグシップ・プログラムを推進している。このうち「世界トップレベル研究拠点プログラム」（WPI）は、高いレベルの研究者を中核とした、世界トップレベルの研究拠点の形成を目指す大学の構想に対して、政府が集中的な支援を行う。その結果、システム改革の導入等の自主的な取組みを促し、世界から第一線の研究者が集まる、優れた研究環境と高い研究水準を誇る「目にみえる拠点」の形成を目指す事業であるとされている。一方、「博士課程教育リーディングプログラム」は、優秀な学生を、俯瞰力と独創力を備え、広く産学官にわたりグローバルに活躍するリーダーへと導くことを目指す。専門分野の枠を越えて、世界に通用する質の保証された学位プログラムを構築・展開する大学院教育の抜本的改革を支援し、最高学府にふさわしい大学院の形成を推進する事業である。

2つの事業を一体的に行っているエクセレンス・イニシアティブと比べると、日本の場合は、それぞれの予算規模はエクセレンス・イニシアティブより大きいとしても、文部科学省の中の高等教育局と科学技術担当局の間に仕切りがあるようにみえる。教育と研究が同一の役所の中にあるというシナジー効果をもっと発揮し、両方をぐっと一緒にした支援策を考えたほうが、もっと多くのアイデアが出てくるのではないだろうか。

さらに、ドイツでは大学に対する主権が州政府にあるため単純な比較をすることはできないが、大学外研究機関と大学の２つのシステムのシナジー効果をあげる必要があるとの観点から、連邦教育研究省では、この２つの系統のシステムを科学システム局という１つの局で担当させている。

27-11　社会全体が若手を信頼

「我々の将来は若者の肩にかかっているので、優秀な若手を支援する必要がある」というのが、ドイツや欧州諸国での考え方である。日本でも若手研究者支援の必要性の認識はかなり広まってきたが、その理由は、長い目でみて社会を担う世代が変化していくことへの考慮に基づくというより、若手研究者のポスト不足を少しでも解消しなくてはという問題意識がベースになっているように思える。

また最近の日本で面白いのは、若手研究者支援の資金は十分あるので、逆に中堅や定年になってまだ能力のある人をもっと支援すべきではないかとの声がかなり聞こえることである。たしかに、資金という意味では若手研究者対象のグラントも増えていることは間違いないが、そうはいっても、ドイツのエミー・ネーター・プログラムや欧州研究会議（ＥＲＣ）の若手グラントのような大規模のものが用意されているわけではない。また、それはそれとして、若手研究者の支援にあたってさらに考えるべきことがある。

若手研究者支援の本質は、研究資金そのものというより、彼らの能力をいかに最大限に引き出すかという点にポイントがある。そのためには、早い段階で一人前の研究者として独り立ちし、多くの場合は自らのチームを作って、独自の研究活動を遂行できる能力を身につけることが課題である。こういうと日本では、若手研究者はまだ経験不足なので、まわりの人に支援されながら研究活動をしていったほうがよいという意見が出てくるが、それでは、何のためにポスドクの期間を過ごすのかという疑問を持たざるをえない。独り立ちできる能力を身につけられないポスドク制度は、制度設計そのものが間違っているということである。

欧米の気の利いた研究資金は、ここに焦点をあてている。例えば、研究の場所は資金を獲得した若手研究者が好きに選べるようになっている。そのため国を越えて、大学・研究所間で卓越した研究者の獲得競争が起こっている。日本の場合、若手研究者のための資金はあったとしても、そのような人材の流動化を前提としたシステムを導入しているのであろうか。資金だけ用意しても、好きな場所で好きな研究をできなければ、効果は限られたものになってしまう。若手研究者への支援は、その本質を考えたうえで実行しなくてはならない。

27-12 最後は世界をみる能力

グローバリゼーションへの対応能力、グローバル人材の必要性が叫ばれている。まさに必要かつ正しいことである。私の経験からすると、自らの属する国、文化、民族を超えた社会、世界をみる能力は、若いうちに獲得することが一番である。

ドイツの場合に特筆すべきことは、戦後の独仏関係ではないだろうか。ドイツとフランスは、ド・ゴール将軍とアデナウアー大統領の間での「二度と戦争を起こさない」という信念を背景として、戦後、初等・中等教育レベルの子供の独仏交流を継続して行い、既にこれに参加した人数は数百万人にのぼるといわれている。そんなこともあってか、フランス語を理解するドイツ人は多いが、意外とフランスでもドイツ語のわかる若い人が多い。これは平和な世界を築くという点で効果があるのは当然として、当初意図していたかどうかは別に、国際的なことを理解する能力の涵養に大きく貢献しているはずで、いわば若者の世界をみる目を養っているともいえる。

残念ながら、日本の子供にはこれまでこのような機会はほとんどなかった。最近、科学技術振興機構では、「さくらサイエンスプラン」と名づけたプログラムを開始した。これは、中国を中心とするアジアから、高校生以上の若い理科系人材を毎年２０００人短期で招聘するもので、派遣国における日本をみる目にも変化が感じられる。同じようなプログラムが日本の若者にあってもいいし、そもそももっと大規模であっても全くおかしくない。

マックス・プランク協会の国際大学院も、意欲的な取組みである。もともとは大学との協力強化の一環として始めたものであるが、いまや60の大学院をドイツ全土に設置し、全部で２０００人ほどの外国からの博士課程の人材を、大学と一緒になって教育している。ドイツでも研究機関と大学は昔は縦割りで協力が下手といわれていたが、批判を受けたことや米国との対比でドイツの弱みと批判されたことも一因ではあるものの、真剣に後継者の養成のために取り組んでいる。日本でも理化学研究所などの国立研究開発法人と大学の間の垣根を取り払い、世界の優秀な若者を集めて大学院レベルの協力をしたらどうだろうか。

28 まとめ

以上、いくつかの観点からドイツの現状をふまえ、日本への示唆を整理してみた。一言でいうと、「米国のまねはできないが、ドイツのまねはできるかもしれない」という考え方はやめた方がよい。ドイツ人と日本人は性格が少し似ているという面はあるかもしれないが、社会の基盤をなすシステムが本質的に異なるし、そもそも個の確立という面でも日本とは状況がだいぶ違う。したがって、日本のことは我々自身が考えるほかに方法はない。ただ、我が国に中長期的な目標があって、それを実現するための政策を立案する際に、参考になることがあれば取り入れるのは当然である。

そういう観点から考えると、科学技術という狭い範囲にとどまらず日本の政策立案者に求められていることは、頭を使う、考えるということに集約されるのではないだろうか。ドイツ人の場合も、皆が皆、優秀で頭を使っているわけではない。しかし、国をリードしようという人は、そうすべく訓練を受けているし、そのような環境が作られている。考える能力を伸ばさなければ、人間としての私たちの存在価値も問われるようになる。

考える人が多くなれば、おのずと日本にあったよいシステムを考え出すことが可能になる。ドイツにも今のシステムが昔からあったわけではなく、それぞれの段階で必要に応じて、自ら、あるいは米国、欧州各国の例なども模倣しながら現在のシステムを編み出してきたにちがいない。だからこそ、それを維持しているわけだし、また、米国などの脅威にさらされながら、新しいシステムを考えようとしている。遅ればせながら、日本もその道を歩むしかないだろう。

最後にドイツと日本の政策の違い、最近の両国の発展の違いをもたらしたもう一つの理由を加えると、次のことがある。政策としてはそれほど変わらないことを打ち出しているとしても、ドイツはそれを時間がかかっても着実に実行していく。これに対して日本は、内容的にはよい政策を何度も繰り返し公表しながら、それを実現していかない。この差の積み重なりが、今日の状況を招いているのではないだろうか。

あとがき

なぜこの本を書こうと思ったのか。もちろん、ドイツのことを知ってもらいたかったからである。そのきっかけは、大きく分けて2つある。

1つは、この何年かの間、ドイツについて話をしてほしいという依頼があったことである。まず初めは2013年の初め頃から、産学公連携機関として日本でも知られているフラウンホーファー協会について、特に、フラウンホーファー・モデルの説明をしてほしいというものであった。そうこうしているうちに2014年になると、ドイツのいう第4次産業革命、インダストリー4・0についての依頼が舞い込むようになった。ものづくりは経済産業省の範疇の内容なので予備知識もあまりなく、当初、それほど気乗りはしなかったが、話す人がいないらしく引き受けているうちに、回数が多くなってきた。

何度か話をしているうちに、ドイツの社会、例えば研究社会にどのようなアクターがいて、どのように意思決定され、誰が組織を動かしているのかというような情報が、当然のことではあるが、日本では断片的にしか知られていないことを再認識させられ、何とかしないといけないと思うようになった。なぜ、フラウンホーファー・モデルが機能するのか、インダストリー4・0がドイツにとってどのような意味があるのかなどについては、ドイツ社会全体を見渡さないと理解を進めることができない。

もう1つの理由は、前回、近代科学社から出版した『世界が競う次世代リーダーの養成』（2013年）において、卓越した若手研究者の支援策について各国の状況を調べている中で、ドイツがいかに次世代に活躍する後継者世代に重点的な投資をしているのかをみて、ドイツの人材養成のシステムをもう少し詳しく調べようと思ったことである。「マイスター制度」という言葉だけは日本でも知られているが、トップ科学者の卵ばかりでなく、ドイツのものづくり社会を支えるエンジニアなどがどのように輩出されているのかも興味深いところである。

私が初めてドイツに行ったのは1968年、今でいえばギャップイヤーみたいなものかもしれないが大学を1年休学し、ソ連の客船で横浜からナホトカへ向けて出かけた時である。このときは欧州各国をユーレイルパスで旅行した後、アーヘン工科大学に1学期間、聴講生として滞在した。次が、科学技術庁に入ってすぐの1976年から2年間、ミュンヘン大学に留学する機会を得た。3度目は1983年から3年間、ボンの日本大使館に科学技術担当の書記官として勤務した。その後、特にドイツのことを調べていたわけではなかったが、なるべくドイツ語を忘れないようにするために、時折ドイツに出張したり、東京でもドイツ人をみつけて話をしたりしていた。そして、10年ほど前に科学技術振興機構に研究開発戦略センターというシンクタンクができ、そこで海外調査を担当するようになった。ドイツもその一環として扱うことになり、改めてドイツへの関心が触発されたことは事実である。そのため、今回、何かまとめなくてはと思った際に、ある程度の準備ができていたのは好都合であった。

改めていうのもおかしいが、戦前のことは別にしても、日本でもドイツについてはいろいろなことが知られている。ベンツ、BMW、フォルクスワーゲンのような車を筆頭に、アウトバーン、オクトーバーフェスト、ツァイス、シーメンス、ブンデスリーガ、バウムクーヘン、リート、ベートーベン、ワーグナー、ゲーテなど、順不同にあげれば枚挙にいとまがない。しかし、ある国がどのようなシステムで動いているのかということの理解は、よく考えれば簡単ではない。日本がどのようなシステムで成り立っているのか解説することを想像しただけでも、これは難しそうだなということになる。しかし、トピック的に出てくるテーマを表層的なことだけで理解したつもりでいると誤解を生むこともあるし、なぜある行動や政策が出てくるのか見当のつかないこともある。

そこで、私は自分のバックグラウンドが行政であるという立場をふまえ、我が国の政策立案能力の向上に役立ちたいという問題意識に立って、この本をまとめてみたいと考えた。書き始めるにあたっては、簡単にではあるが、現在のドイツの政治、社会機構がどのように形成されてきたのかを歴史的に振り返ることから始め、そのうえで科学技術・研究政策の歩みを重ね合わせてみた。その後、ドイツに特徴的なことは何かという観点から、連邦と州の関係や、代表的な研究関連機関の特徴と運営システム、社会に根づいている産学公連携の実態などを描写し、そのうえでインダストリー4・0の紹介をした。そのほか、新たなアイデアを募る最近のドイツのシステム、州政府の特徴ある動きを取り上げ、全体としてドイツの科学技術・研究政策とその実施状況を理解していただければよいと考えた次第である。

私は、3度ドイツに滞在したということもあり、同じことでも贔屓的にみてしまうおそれがあるし、実際にそういうところもある。しかし、国際関係は、相互にベストプラクティスを学ぶことが一つの目的であり、社会システムを理解したうえでよいところはよいと紹介してもいいのではないかと思う。まねをする必要は全くなく、また、できないので、相互によいところを咀嚼し、取り入れればよい。先日、メルケル首相にも提言するドイツの審議会の一行が来て、最後の質問に、ドイツが研究イノベーション政策で日本から学べるものは何かと聞かれたたが、それを探すのがそちらのミッションでしょうと思わずいってしまった。相互によいところを探せばよいということではないだろうか。

日頃、日本ではどうしても米国や中国のことだけが話題になってしまう。現在、活力にあふれるドイツは日本では評判がよく、ドイツに関心を持つ人が増えていることは、過去にドイツに住んでいたものとして嬉しい。ただ、国の勢いには大きな流れ、波があり、ドイツも長い目でみれば上げ潮のときもあれば、そうでない時もある。国の勢いは国内事情ばかりでなく、国際政治にも大きく依存する。ドイツと我が国をとりまく国際情勢は全く異なっている。いずれにしろ、今のドイツをよしとするのであれば、なぜよいのかをしっかり分析したうえで、どこが日本にとっても参考になるのかをしっかり判断する必要がある。

ドイツに行くと、いまでもお世辞にもサービスがよいとはいえない。そのせいかどうかはわからないが、サービス業の労働生産性は日本よりずっと高い。では、ドイツ人の特徴は何であろうか。よいか悪いかはわからないが、ドイツ人はやはり情緒的ではなく、合理的で、価値を生まないところでは仕事をしないので、当然サービスが悪くなるのかもしれない。しかし、ドイツ人の根気というか継続性は捨てがたいものがあり、「まとめ」の最後でも書いたが、やるといった政策をずっと実行していくのがドイツで、その反対が日本というようにみえてくる。国際政治感覚もかなりもまれてきている。

デジタル化に伴う最近のドイツの変化は激しく、例えばスマートフォンを使ってのカー・シェアリングがこの1年の間に瞬く間に普及し、好きな時に好きな場所で好きな間だけ好きな車を使えるようになりつつある。しかもその音頭を車のメーカーがとっている。これは、私たちにとっては車を持つことが価値の対象ではなく、移動することが価値の対象になりつつあること、すなわち価値の生まれる場所がシフトしていることを示している。このような大きな社会の変化がドイツだけに限らず世界中で起きつつある。社会システムの革新とも言える第4次産業革命の進展とともに急激に変わる社会を、ドイツと日本を比較しつつみていくことは、これから姿をあらわす全く新しい社会の構築に積極的に寄与していく観点から、相互に意義のあることではないかと考えている。

これまでドイツには何度も出張する機会もあり、せっかくたくさんの方にお会いしてさまざまなことをお聞きしているので、これを日本の中でできるだけ多くの人に伝えるのが自分の義務だとは思いながらら、どんどん時間がたってしまった。その重い腰をあげていただいたのが近代科学社の小山透社長と冨高琢磨氏であり、心から感謝したい。お２人の強い後押しがなかったらこの本はできていない。また同社の石井沙知さんには年末の迫る中、時間に追われつつ校正や新たな図の作成をしていただき、出版にこぎつけることができた。

この本の発刊にあたり、フォン・ヴェアテルン駐日ドイツ連邦共和国大使、中根猛在ドイツ連邦共和国日本大使には、刊行によせてあたたかいお言葉を、しかも共同でいただきました。また、私が在西ドイツ大使館在任時の連邦研究技術大臣で、現在、連邦議会において最高齢で活躍されているリーゼンフーバー議員、さらにライプニッツ協会クライナー会長、ドイツ研究振興協会シュトローシュナイダー会長からも激励のお言葉をいただきました。これらの皆様に心より感謝申し上げます。私も、このような書籍を発行することにより、少しでも我が国とドイツの交流の活発化に役にたてれば嬉しく思います。

私が特任フェローとして勤務する科学技術振興機構の研究開発センターでは特に海外動向ユニットの方々の協力を得ましたが、その中でもドイツ担当の澤田朋子さんには、情報収集や写真、図表の作成などさまざまな協力をいただきました。心よりお礼を申し上げます。また、文部科学省の科学技術・学術政策研究所にも資料を提供いただきました。

最後に、いつも留守にして申し訳なく思っている妻すなほに感謝して。

２０１５年12月　　永野　博

付録：ドイツ科学技術行政機構図

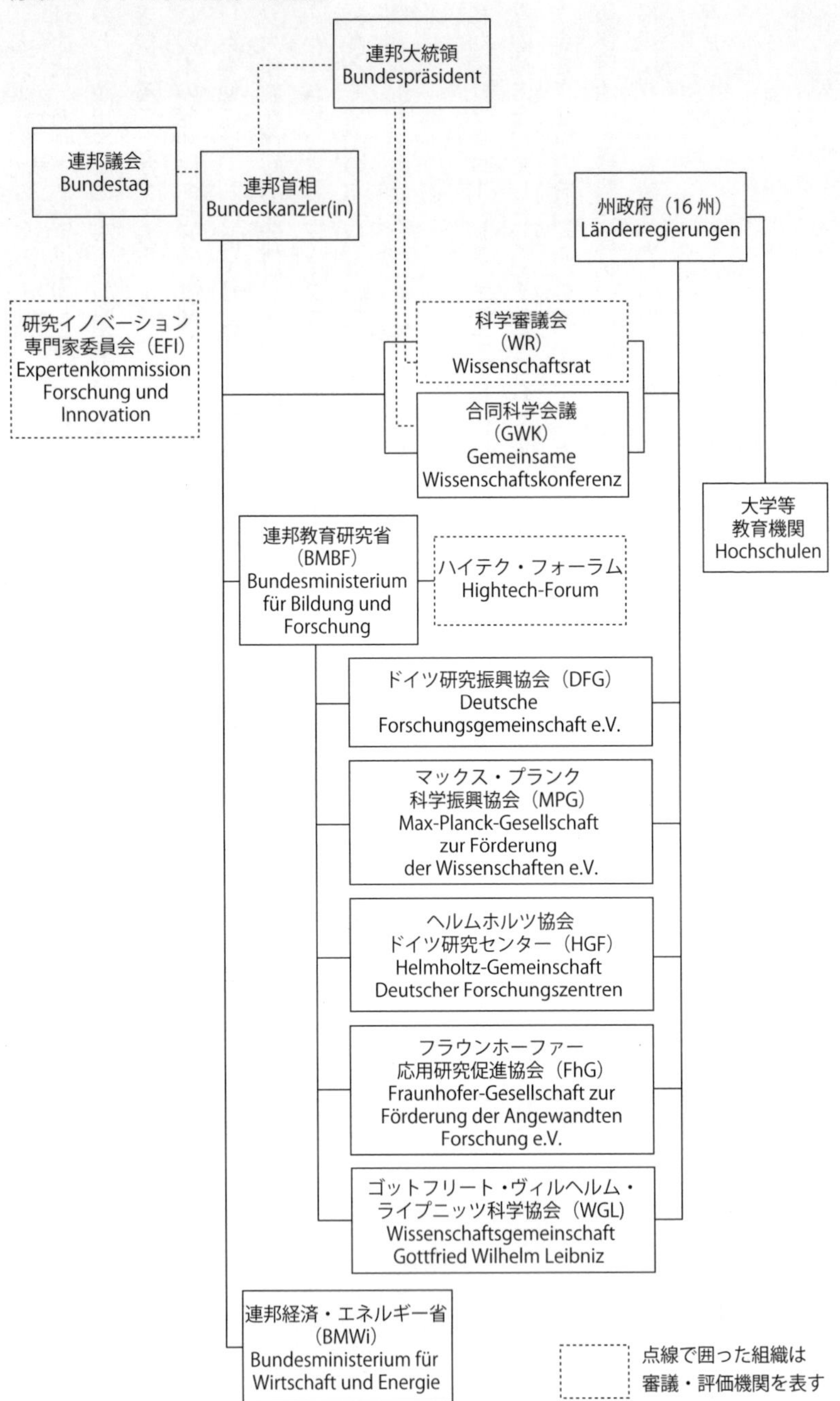

作成：JST 研究開発戦略センター

参考文献

『科学技術要覧』、文部科学省科学技術・学術政策局、２０１５

『第３回　全国イノベーション調査報告［NISTEP REPORT 156］』、科学技術・学術政策研究所、２０１４

『科学技術指標２０１５［調査資料２３８］』、科学技術・学術政策研究所、２０１５

『科学技術・イノベーション戦略～ドイツ～』、科学技術振興機構研究開発戦略センター、２０１５

『通商白書　２０１２』、経済産業省

『中小企業白書（２０１２年版）』、経済産業省

潮木守一：フンボルト理念とは神話だったのか、『広島大学高等教育研究開発センター大学論集』、第38集、２００７

ハーマン・サイモン（著）、上田隆穂・渡部典子（訳）：『グローバルビジネスの隠れたチャンピオン企業』、中央経済社、２０１２

Education and Research in Figures 2015, Federal Ministry of Education and Research, 2015.

The High-Tech Strategy for Germany, Federal Ministry of Education and Research, 2006.

Ideas. Innovation. Prosperity.—Hightech-Strategy 2020 *for Germany*—, Federal Ministry of Education and Research, 2010.

The new High-Tech Strategy / Innovations for Germany, Federal Ministry of Education and Research, 2014.

Forschungsförderung in Deutschland—Die internationale Kommission zur Systemevaluation der Deutschen Forschungsgemeinschaft und der Max-Planck-Gesellschaft—, 1999.

REPORT 2012, *Research, Innovation and Technological Performance in Germany*, Commission of Experts for Research and Innovation (EFI), 2012.

REPORT 2013, *Research, Innovation and Technological Performance in Germany*, Commission of Experts for Research and Innovation (EFI), 2013.

Fraunhofer Annual Report 2014, Fraunhofer-Gesellschaft.

Geschäftsbericht 2015 der Helmholtz-Gemeinschaft deutscher Forschungszentren.

acatech ANNUAL REPORT 2014, Deutsche Akademie der Technikwissenschaften.

Recommendations for implementing the strategic initiative INDUSTRIE 4.0, Forschungsunion & acatech, 2013.

Umsetzungsstrategie Industrie 4.0, BITKOM, VDMA & ZVEI, 2015.

The German Standardization Roadmap Industrie 4.0, VDE ASSOCIATION FOR ELECTRICAL, ELECTRONIC & INFORMATION TECHNOLOGIES, 2013.

ERC funding activities 2007–2013—*Key facts, patterns and trends*—, European Research Council, 2015.

Frey, C. B. and Osborne, M. A.: The FUTURE OF EMPLOYMENT: HOW SUSCEPTIBLE ARE JOBS TO COMPUTERISATION?, OXFORD MARTIN SCHOOL, 2013.

※4ページに掲載した写真2点は、Wikipediaより引用した、パブリック・ドメインとされているものである。

索引

た

な

は

ま

や

ら

わ

著者紹介

永野 博（ながの ひろし）

1948年 1月5日生まれ 東京都出身
1971年 慶應義塾大学工学部卒業
1973年 同 法学部卒業，科学技術庁入庁
2001年 鹿島建設株式会社エンジニアリング本部次長
2002年 文部科学省国際統括官
2004年 文部科学省科学技術政策研究所長
2005年 武蔵エンジニアリング株式会社 顧問
2006年 独立行政法人科学技術振興機構 理事
2007年 政策研究大学院大学 教授
2009年 中国科学院科技政策・管理科学研究所招聘教授
2011年 経済協力開発機構（OECD）科学技術政策委員会（CSTP）
グローバルサイエンスフォーラム（GSF）議長
2015年 慶應義塾大学 理工学研究科特別招聘教授
2015年 研究・イノベーション学会（旧研究・技術計画学会）会長
2015年 米国科学振興協会（AAAS）フェロー
2017年 （公社）日本工学アカデミー専務理事

主要著作：

「ドイツの直面する科学技術政策上の課題」
科学技術政策研究所，調査資料 No. 118（2006年6月）.

Prof. Christopher T. Hill and Nagano Hiroshi, Editorial "New Cooperation in East Asia", p.1393, *SCIENCE*, VOL 316, 8 JUNE 2007.

Lennart Stenberg & Nagano Hiroshi, "Priority-Setting in Japanese Research and Innovation Policy", VINNOVA's Communication Division, December 2009.

「卓越した若手研究者への支援は国のゆくえを左右する」，『科学』, Vol. 81, No. 3，0258～0273頁（岩波書店、2011年3月）.

Chapter 1: Science and Technology Policy in Japan, *The Dynamics of Regional Innovation*, World Scientific Publichng Co. Pte. Ltd., pp.25 39, 2012.

『世界が競う次世代リーダーの養成』（近代科学社，2013年）.

Chapter 3: Challenges Facing Japan's Science and Technology, Globalizing Japan, Trans Pacific Press, pp.53-69, 2015.

「ドイツの研究力の構造」，『科学』，Vol. 87,
No. 8，0756～0763頁（岩波書店，2017年8月）.

◆ 読者の皆さまへ ◆

平素より，小社の出版物をご愛読くださいまして，まことに有り難うございます．

㈱近代科学社は1959年の創立以来，微力ながら出版の立場から科学・工学の発展に寄与すべく尽力してきております．それも，ひとえに皆さまの温かいご支援があってのものと存じ，ここに衷心より御礼申し上げます．

なお，小社では，全出版物に対してHCD（人間中心設計）のコンセプトに基づき，そのユーザビリティを追求しております．本書を通じまして何かお気づきの事柄がございましたら，ぜひ以下の「お問合せ先」までご一報くださいますよう，お願いいたします．

お問合せ先：reader@kindaikagaku.co.jp

なお，本書の制作には，以下が各プロセスに関与いたしました：

・企画：小山　透・冨髙琢磨
・編集：石井沙知
・組版・印刷・製本（PUR）・資材管理：藤原印刷
・カバー・表紙デザイン：藤原印刷
・広報宣伝・営業：山口幸治，東條風太

ドイツに学ぶ科学技術政策

2016年1月31日　初版1刷発行
2018年8月31日　初版2刷発行

著　者　永野　博
発行者　井芹昌信
発行所　株式会社 近代科学社

〒162-0843　東京都新宿区市谷田町2-7-15
電　話 03-3260-6161 振　替　00160-5-7625
http://www.kindaikagaku.co.jp

藤原印刷　ISBN978-4-7649-0497-2
定価はカバーに表示してあります．